URSULA LÖCKENHOFF SIMONE SOMBECKI

Tierschutzhund **Lieblingshund**

Einschätzen, eingewöhnen, erziehen – vom ersten Kennenlernen bis zur engen Bindung

TIERE SUCHEN EIN ZUHAUSE

WDR FERNSEHEN

KOSMOS

Inhalt

Mehr entdecken, mehr verstehen

DAS KOSMOS VERSPRECHEN

Expertenwissen seit 1822

Welches Thema dich auch begeistert – auf unsere Expertise kannst du dich verlassen. Und das schon seit über 200 Jahren.

Unser Anspruch ist es, dich mit wertvollem Rat zu begleiten, dich zu inspirieren und deinen Horizont zu erweitern.

BEGEISTERUNG DURCH KOMPETENZ

Unsere Autorinnen und Autoren vereinen professionelles Know-how mit großer Leidenschaft für ihre Themen.

WISSEN, DAS DICH WEITERBRINGT

Leicht verständlich, lebensnah und informativ für dich auf den Punkt gebracht.

SACHVERSTAND, DEN MAN SEHEN KANN

Mit aussagestarken Fotos, Zeichnungen und Grafiken werden Inhalte besonders anschaulich aufbereitet.

QUALITÄT FÜR HEUTE UND MORGEN

Dafür sorgen langlebige Verarbeitung und ressourcenschonende Produktion.

Du hast noch Fragen oder Anregungen?
Dann schreibe uns: kosmos.de/servicecenter

TIERSCHUTZHUND LIEBLINGSHUND

„Wir teilen die Leidenschaft zu den (Wind-) Hunden, die ja unsere eigentlichen Lehrmeister sind. Danke für Deine Unterstützung. Deine Ursula". Diese Worte schrieb Ursula einst in ihrem Buch *Dogwalk* als persönliche Widmung für Simone. Wer hätte damals gedacht, dass wir einmal ein gemeinsames Buch schreiben werden. Ein absolutes Herzensprojekt, das für uns so viel mehr als „nur" ein Buch ist. Wir räumen mit Vorurteilen gegenüber Tierschutzhunden auf, möchten inspirieren und Mut machen für die Aufnahme eines Hundes aus dem Tierschutz. Denn wir wissen: Es gibt dort so tolle Hunde!

Wir beide lieben das Zusammenleben mit Tierschutzhunden und auch wir haben einmal mit dem ersten Hund aus dem Tierschutz angefangen. Daran haben sich viele Jahre aktive Tierschutzarbeit angeschlossen. Sie haben uns gelehrt: „Freiheit ist kein Privileg, sondern eine Aufgabe" (Georges Bernanos) – Hunde in Not, die nie etwas hatten oder alles verloren haben, brauchen unsere Hilfe. Uns verbinden die gleichen Vorstellungen von Respekt, Akzeptanz und der so wichtigen Toleranz. Wir möchten die Menschen, ihre Kulturen oder Einzelschicksale verstehen. Statt vorschnell zu urteilen, appellieren wir immer wieder, dass sich gemeinsam, Hand in Hand für Tier und Mensch viel mehr erreichen lässt. Auch über Ländergrenzen hinweg.

In den Jahrzehnten unserer aktiven In-und Auslandstierschutzarbeit hat sich der Tierschutz gewandelt. Durch Social Media bekam er eine enorme Reichweite, eine zusätzliche Plattform, die Fluch und Segen zugleich ist. Wo wird sich selbstdarstellerisch profiliert und wo wird sich im Kollektiv engagiert? Liegt der Fokus darauf, eigennützig mehr Reichweite zu generieren, oder doch sachlich zu informieren und sich aktiv für Tiere einzusetzen? In jedem Fall dokumentiert Social Media den Wandel in unserer Gesellschaft. Vor 20 Jahren hieß

DANKE

Heike Bergmann, Tierheim Bergheim, Bund gegen Missbrauch der Tiere e. V.; Dr. Oliver Braun, zuständig für die Tierheime Bergheim und Köln-Dellbrück; Bund gegen Missbrauch der Tiere e. V; Jessica Eckelkamp, 1. Vorsitzende Galgo-Hillfe e. V.; Stefan Engels, Dog-Trainer DHK und Verhaltensberater mit Schwerpunkt Aggression und Listenhunde; Tina Hartmann, Windhund-Netzwerk e. V.; Marina Hinz, Tierheim Dorsten; Sabrina Hönig, aktive Tierschützerin, Schwerpunkt Jagdhunde & Vizsla; Eva Inderfurth; Lutz Kaczmarsch, Tierheimleiter Tierheim Duisburg; Perdita Lübbe-Scheuermann, Hundeakademie Perdita Lübbe & Start ins – neue – Leben; Kathrin Lüke, Dogwalkerin; Tanja Reichert, Hundetrainerin und aktive Tierschützerin; Elke Reißmann, Laborbeaglehilfe e. V.; Claudia Richter, Hundebetreuung; Huib Rutten, Fotograf/Photographer; Diana Schiestel, Pflegestellenbetreuerin der Galgo-Hilfe e. V.; Matthias Schmidt, Tierhilfe Hoffnung e. V.; Susanne Siebertz, Hundephysiotherapie Gangwerk; Babette Terveer, Notpfote Animal Rescue e. V.; Dr. Lisa Williamson, Tierschützerin & Initiatorin Bark Date; Dr. Florian Wuchert, Tierarztpraxis Düsselpfoten.

Hunde in Not, die nie etwas hatten oder alles verloren haben, brauchen unsere Hilfe.

es abfällig „Tierschutztante“, heute ist es die „Tierschutzheldin“ und damals war der Hund aus dem Ausland noch ein Exot auf unseren Hundewiesen, heute gehört er längst zum gängigen Stadtbild.

Doch das Leben mit Hund ist komplizierter geworden. Mehr Hunde pro Fläche, pro Haushalt, mehr Meinungen zum Thema Tierschutz und zur Hundehaltung. Nicht selten geht das Bauchgefühl, der Instinkt für den eigenen Hund über die sozialen Netzwerke verloren. Das beginnt häufig schon bei der Suche. Wie oft erreichen uns die gleichen, durchaus berechtigten Fragen zu den Themen Tierschutz und Tierschutzhund. Wie oft haben wir uns darüber ausgetauscht und gesagt: Eigentlich müssten wir mal ein Buch schreiben, das all’ diese Fragen beantwortet. Jetzt haben wir es getan: Gemeinsam mit kompetenten Mitschreiber:innen aus dem Tierschutz nehmen wir dich in diesem Buch mit auf die Reise ins Abenteuer „Tierschutzhund Lieblingshund“. Egal ob du Hundeanfänger:in oder erfahrene:r Hundehalter:in bist. Ungeschönt, realistisch, offen und ehrlich berichten wir über den Alltag, über unsere persönlichen Erlebnisse im In- und Auslandstierschutz, geben Tipps und öffnen damit hoffentlich vielen weiteren Tierschutzhunden die Tür für ein Zuhause. Ein behütetes Zuhause, in dem der Hund einfach Hund ist und seine Menschen glücklich machen darf.

Das Engagement für den Tierschutzhund ist und wird immer Teil unseres Lebens sein. Auch nach all den vielen Jahren brennen wir dafür!

Eure Simone Sombecki & Ursula Löckenhoff

ZUM GELEIT

von Perdita Lübbe-Scheuermann

MEHR GEHT NICHT!

Ursula Löckenhoff und Simone Sombecki, haben Großartiges vollbracht und ein Meisterwerk erschaffen. Endlich! Denn in den Irrungen und Wirrungen des Tierschutzes lässt es sich kaum noch zurechtfinden.
So gibt es nun diese einzigartige Lektüre, die im Vorfeld aufklärt und Mensch – wenn er sie verinnerlicht – sich viel eigenes und ebenso Tierleid ersparen kann.
Einen Hund aus dem Tierschutz übernehmen? Das ist eine großartige Idee, die verantwortungsvoll in die Tat umgesetzt werden darf. Wer einem „Secondhand-Hund" ein Zuhause schenken möchte oder dies bereits getan hat, hat oftmals zahlreiche Fragen. Dieses Buch gibt Antworten – und zwar detaillierte. Es ist ausgesprochen umfangreich und deckt unglaublich viele Themen ab, sodass es sowohl für Neulinge als auch für erfahrene Hundemenschen bereichernd ist. Mit fundiertem Wissen haben die beiden Autorinnen, inklusive ihrer kompetenten und sehr in den Tierschutz involvierten Mitschreiber:innen, ein Standardwerk geschrieben, das in keinem „Ich-möchte-einen-Hund-adoptieren"-Haushalt fehlen sollte. Es werden unterschiedliche Hundetypen, Rassen und deren eigentlichen Einsatzzwecke vorgestellt. Desweiteren wird die Auswahl des Hundes und die typischen Herausforderungen verschiedener Altersphasen angesprochen. Auch das Erkennen seriöser Tierschutzvereine und der Vermittlungsprozess wird thematisiert, ebenso die wichtigsten gesundheitlichen Aspekte und bedeutsame Regeln für den Umgang mit dem Hund, gerade in der Anfangszeit, werden aufgeführt, bis hin zu Hinweisen, was getan werden kann, wenn es mal nicht so rund läuft.
Ich glaube, es gibt kein Thema, das keine Erwähnung findet und das finde ich einfach großartig. Dieses Buch fühlt sich so rund, so komplett an, es lässt keine Fragen offen. Es ist up to date, super recherchiert, verständlich geschrieben und meines Erachtens ein absolutes Muss für alle, die in irgendeiner Form mit Hunden aus dem Tierschutz zu tun haben.
Ursula und Simone wissen, wovon sie sprechen. Sie betreiben schon Jahrzehnte lang Tierschutz, was wahrlich kein leichter Ritt ist. Ich lese in jeder Zeile das Engagement und die Begeisterung der Beiden und freue mich, dass es Menschen gibt, die für eine Sache brennen, denn „nur wer selbst (für etwas) brennt, kann Feuer in anderen entfachen" (Augustinus von Hippo, 354 – 430).

Ich wünsche allen, die dieses besondere Buch lesen genau so viel Freude daran, wie ich sie hatte.

Eure Perdita

Perdita Lübbe-Scheuermann

DIE SITUATION

*»Es sind wir Menschen
die Hunde in Not bringen,
es liegt also an uns, ihnen
aus ihrer Not zu helfen!«*

WORAN LÄSST SICH EIN SERIÖSER TIERSCHUTZVEREIN ERKENNEN?

Tierschutz ist ein wichtiges und emotionales Thema. Wer sich entschlossen hat einen Hund aus dem Tierschutz zu adoptieren und sich auf die Suche nach dem passenden Tier begibt, wird feststellen: Es gibt unendlich viele Hunde in Not und entsprechend viele Tierschutzvereine und Tierheime. Ein seriöser Verein wird dich schon nach der ersten Kontaktaufnahme gut, ausführlich und vor allem ehrlich aufklären. Er wird dir aber natürlich auch „auf den Zahn" fühlen. Die Vermittelnden und du als Interessent:in möchten ja, dass es eine Vermittlung mit einmaligem Happy End wird. Der Verein sollte dir also alle deine Fragen beantworten, gleichzeitig wird er dich beraten und dir eventuell auch sagen, dass das Tier, für das du dich interessierst, nicht zu dir und in deine aktuelle Lebensphase oder -planung passt. In diesem Fall werden dir die Tierschützer:innen möglicherweise Hunde vorschlagen, die sich „besser" in dein Leben und deinen Alltag einfügen.
In den Tierheimen warten sehr viele verschiedene Hunde in Zwingern oder Gehegen auf ihre Menschen, auf ihre neue Familie. Aber auch Pflegestellen, private Haushalte, kümmern sich ehrenamtlich bis zur Vermittlung um die hilfsbedürftigen Hunde. Sie bieten dem aufgenommenen Schützling ein „Zuhause auf Zeit" und damit eine solide Basis für seine Zukunft (siehe Seite 24).
Wenn es so viele Tierheime, Tierschutzvereine und -organisationen gibt, kommen schnell Fragen auf: Woran lässt sich denn deren Seriosität erkennen? Wem kann ich vertrauen? Daher an dieser Stelle: Danke, dass du gerade dieses Buch liest und dich informierst. Hier geben wir dir einige hilfreiche Anhaltspunkte.

01

02

DARAUF SOLLTEST DU ACHTEN

Eingetragener Verein: Die Namensgebung der einzelnen Vereine ist kreativ und einfallsreich. Achte jedoch darauf, dass am Namensende ein e. V. steht. Denn nur dann handelt es sich um einen eingetragenen Verein. Ist er als gemeinnützig anerkannt, lassen sich in der Regel Spenden auch steuerlich absetzen.

Aussagekräftiges Impressum: Auch die Internetauftritte der verschiedenen Vereine sollten genauer betrachtet werden. In einem detaillierten und aussagekräftigen Impressum sollte zu erkennen sein, ob und wo der Verein registriert ist. Ein Postfach ist nicht ausreichend und fehlt das Impressum ganz, solltest du von dem Verein Abstand nehmen, auch wenn der angebotene Hund dir gleich ins Herz gesprungen ist.

01 Weltweit warten Hunde aller Rassen und Größen in Zwingern oder Gehegen auf ihre Menschen.

02 Ob süße Welpen oder pubertierende Junghunde, sie alle halten im Tierschutz voller Hoffnung Ausschau.

03 Die Hunde trifft niemals Schuld. Sie wollen weder vergessen noch übersehen werden.

04 Tierschützer:innen machen sie sichtbar und helfen ihnen, auf sich aufmerksam zu machen.

03

04

Transparenz: Überprüfe, ob die Internetseite regelmäßig gepflegt und upgedatet wird. Es sollte klar ersichtlich sein, wo und wie die Arbeit des Vereins aussieht. Wo zum Beispiel Sach- und Geldspenden hingehen, in welche Projekte investiert wird und wie diese aussehen. Auch die Menschen, die den Verein repräsentieren und hinter ihm stehen, sollten mit Text und Bild vorgestellt werden. Die zuständigen Ansprechpartner:innen sollten gut zu finden und erreichbar sein.

Ansprechpartner:innen: Ein seriöser Verein sollte dir für Fragen zur Verfügung stehen und auch dann Hilfestellungen geben, falls es nach der Adoption nicht wie erwartet läuft und Probleme auftauchen. Versetze dich in deine Kindheit zurück und betrachte es ein wenig wie Fahrradfahren lernen. Sicherlich bekommst du es auch allein hin, auf zwei Rädern geradeaus zu fahren. Aber manchmal kippelt das Rad und dann ist es gut zu wissen, dass jemand in deiner Nähe ist und dich vor dem Straucheln auffängt. Die Ansprechpartner:innen des Vereins können deine Helfenden sein. Aber bitte behalte im Kopf und hab Verständnis dafür: Die Menschen hinter dem Verein arbeiten in der Regel ehrenamtlich. Sie können dir nicht 24/7, also rund um die Uhr an 365 Tagen im Jahr, sofort zur Verfügung stehen. Sie sind keine Dienstleistenden und müssen ihren Alltag, Job, ihre Familie und das Ehrenamt koordinieren. Auch können sie keine sofortigen Wunder vollbringen. Daher sind die gemeinsamen Vorgespräche – bevor der Hund einzieht – so immens wichtig (Mythos Dankbarkeit, siehe Seite 102).

Zusammenarbeit mit anderen Tierschutzvereinen: Tierschutz lässt sich nicht allein bewältigen, es braucht viele helfende Hände und Partner:innen im In- und Ausland. Die Tierheime, Tierschutzvereine, Projekte und die Menschen dahinter sollten vorgestellt werden. Mit wem und wie arbeiten die unterschiedlichen Vereine zusammen? Wo kommen die Hunde her? Regelmäßige Updates zu verschiedenen aktuellen Projekten (zum Beispiel Notfälle, Bauvorhaben, Reise-

Tierschutz braucht viele helfende Hände und Partner:innen im In- und Ausland. Links Alexandra, Galgo-Hilfe e. V. und rechts Rafael, Mastines en la calle, ein anerkannter Tierschutzverein in Sevilla.

Simone und Ursula werden bei ihrem Besuch im Refugio Ciudad Animal herzlich empfangen.

berichte von Vereinsmitgliedern und Kastrationsaktionen) sollten transparent aufgeführt sein. Nur so ist es dir möglich zu wählen, welchen Verein beziehungsweise welches Projekt du unterstützen möchtest.

Vorkontrolle: Bei den Vorbesuchen schaut der vermittelnde Verein, ob die gemachten Angaben stimmen und ob der ausgesuchte Hund auch wirklich in das wohnliche Umfeld, in dein Zuhause passt. Wenn du zur Miete wohnst und es nicht schon im Mietvertrag erwähnt wird, solltest du von deinem Vermieter oder deiner Vermieterin bestätigen lassen, dass du einen Hund in der Wohnung halten darfst. Diese Vorbesuche bieten dir die Chance, weitere Fragen zu stellen, um dem neuen Familienmitglied auch von Anfang an Sicherheit und die richtige Anleitung geben zu können.
Simone erzählt: „Da ich auch schon viele Hunde von verschiedenen Tierschutzvereinen hatte, haben bei mir ebenfalls so einige Vorbesuche stattgefunden. So war ich mir stets sicher, dass der vermittelnde Verein gewissenhaft, seriös und ordentlich arbeitet." Wir können den Menschen immer nur vor den Kopf schauen. Ein gewisses Maß „mehr" an Sicherheit, kann da für den Hund nur hilfreich sein, oder?

Beschreibungstexte und Fotos der Hunde: Beschreibungen, die nicht mit dem abgebildeten Hund übereinstimmen, sollten dich wachsam bleiben lassen. Solltest du zum Beispiel über sich ständig wiederholende Tierbeschreibungen stolpern, wie: „für Hundeanfänger:innen, Familien mit Kindern, Senioren geeignet" bei näherer Betrachtung der Fotos der Hunde ist aber klar zu sehen, dass einigen die Panik regelrecht im Gesicht steht, darfst du hier die Seriosität

Wer sich für den Auslandstierschutz einsetzt, sollte sich von der Situation vor Ort ein Bild machen.

Den Schutzvertrag vorab in Ruhe lesen und eventuell auftauchende Fragen klären. Auch das Kleingedruckte prüfen, denn manche Organisationen schließen zum Beispiel die Wiederaufnahme des Tieres aus.

DIE SCHUTZGEBÜHR

Grundsätzlich soll die Schutzgebühr vor einer vorschnellen Entscheidung schützen und bewusst machen, dass das Leben mit einem Hund Kosten mit sich bringt. Die Höhe sollte angepasst und überschaubar sein. Sie ist in der Regel nicht kostendeckend, sondern eine Unterstützung zur Finanzierung des jeweiligen Tierschutzvereins oder Tierheims (siehe auch Transparenz, Seite 14).
Heike Bergmann, Leiterin im Tierheim Bergheim, berichtet aus ihrem Alltag: „‚Was kostet bei Ihnen ein Hund?' ist eine der häufigsten Fragen, die uns gestellt werden und die uns, ganz ehrlich, immer ein wenig wehtut. Die Schutzgebühr, die wir bei der Abgabe eines Hundes in sein neues Zuhause erheben, wird von den Interessenten oft als Kaufpreis verstanden. Sie spiegelt jedoch in keiner Weise den Wert des Tieres wider. Ob jung oder alt, groß oder klein, Rassehund oder Mischling – die Höhe ist für jeden Hund gleich, denn wir machen keinen Unterschied zwischen den Hunden. Ganz einfach gesprochen: wir haben sie alle gleich lieb!" Die Schutzgebühr ist auf die Lebenszeit des Hundes gesehen kein großer finanzieller Aufwand. Heike informiert weiter: „Zweimal tanken und der Wochenendeinkauf kommt der Höhe der Schutzgebühr schon ziemlich nahe. Die Hunde sind bei Abgabe tierärztlich grunduntersucht, gechipt, entwurmt und geimpft sowie kastriert." Es sei denn, sie sind zu jung, dann sollte dies von den Adoptanten zu einem entsprechend späteren Zeitpunkt geschehen. Die Kastrationen werden von einigen Vereinen finanziell unterstützt, das sollte dann entsprechend im Schutzvertrag festgehalten sein.

DER SCHUTZVERTRAG

Faustregel: keine Vermittlung ohne Schutzvertrag! Hier stehen neben den Personalien der neuen Hundehaltenden auch die des Hundes, angefangen vom Namen bis hin zur Mikrochipnummer. Es folgen vertragliche Vereinbarungen und Verpflichtungen, an die sich die neue Familie und der Tierschutzverein beziehungsweise das Tierheim halten müssen. Der wesentlichste Punkt in den Verträgen ist, dass die Tierschützenden Eigentümer:innen am Hund bleiben – der Hund also nicht einfach so weg- oder weitergegeben werden darf. Damit wird gewährleistet, dass die Tierschützenden Zeit seines Lebens die Verantwortung für den Hund übernehmen und er wieder aufgenommen wird, sollte es die Situation erfordern. Bei den heutzutage ständig überfüllten Tierheimen ist das ein sehr wichtiger Punkt (siehe Seite 28).

Unser Tipp: Tierheime oder Tierschutzvereine handhaben ihre Schutzverträge alle etwas anders und auch die Schutzgebühr variiert. Deswegen sollte der Vertrag vorab gut gelesen und geprüft werden. Manchmal wird tatsächlich eine Wiederaufnahme des Tieres ausgeschlossen, das ist immer ein Hinweis auf mangelnde Seriosität.

EU-HEIMTIERAUSWEIS AUCH AUF REISEN WICHTIG!

Egal ob der Hund nun über den Tierschutz reist, oder man mit seinem Vierbeiner eine Reise unternimmt: Wenn Hunde reisen, benötigen sie einen gültigen Heimtierausweis. Dieser wird von den Tierärzt:innen ausgestellt und ist auf Reisen gesetzlich vorgeschrieben. Neben den Kontaktdaten der Hundehaltenden finden sich in dem Ausweis die Mikrochipnummer (siehe Seite 20), Beschreibungen und Angaben zum Hund. Zudem sind hier alle Impfungen des Hundes eingetragen, dabei ist vor allem die **gültige Tollwutimpfung** wichtig. Für die Ein- oder auch Durchreise verschiedenster Länder muss die Tollwutimpfung mindestens 21 Tage alt sein. Sollte die Gültigkeit der Impfung also einmal abgelaufen sein, ist es zwingend erforderlich, sich rechtzeitig um die erneute Impfung seines Tieres zu kümmern (siehe Seite 22).

Wer bei der Ausweiskontrolle des eigenen Hundes auf das Glück an der Grenze: „kontrolliert ja eh keiner“ setzt, dem möchten wir dringend davon abraten. Simone erzählt: „Ich bin sehr viel mit meinen Hunden im eigenen Van in Europa unterwegs und achte sehr genau auf die für meine Hunde vorgeschriebenen Einreisevorschriften. Tatsächlich bin ich schon mehrmals auf meinen Reisen durch Frankreich und Spanien kontrolliert worden.“ Sollten die für Hunde geltenden Ein-, oder Durchreisevorschriften nicht eingehalten werden, darf der Hund gar nicht erst ins Urlaubsland einreisen.

Wenn Hunde reisen, benötigen sie einen gültigen Heimtierausweis.

Die Marke signalisiert: „Ich bin gechipt und registriert!" Die hinterlegten Kontaktdaten sollten immer auf dem aktuellen Stand gehalten werden.

DER MIKROCHIP: GECHIPT UND REGISTRIERT

Immer wieder tauchen im Tierschutz Begrifflichkeiten auf, die nicht gleich zuzuordnen sind und doch mit einer absoluten Selbstverständlichkeit genutzt werden, wie zum Beispiel: „Der aufgefundene Hund ist zwar gechipt, aber leider nicht registriert." Es geht um den Mikrochip, um eine Kennzeichnung des Hundes. Auf jedem Mikrochip befindet sich eine weltweit einmalige 15-stellige Identifikationsnummer, die Chipnummer. Mit einer speziellen Injektionsnadel setzen die Tierärzte dem Hund den Mikrochip unter die Haut. Meist wird dieser seitlich am Hals gesetzt. Um den Mikrochip bei Bedarf gut und schnell lokalisieren zu können, wird die genaue Stelle im EU-Heimtierausweis in Landessprache notiert, zum Beispiel: Linke Seite – Hals. Zusätzlich wird die Chipnummer im Ausweis eingetragen. Das Chippen ist für den Hund ungefährlich – ein kurzer Piks und schon ist es überstanden.

Diese Kennzeichnung hält ein Leben lang und ist für Hunde, die ins Ausland reisen verpflichtend. So erschließt sich von selbst, dass auch jeder Tierschutzhund, der aus dem Ausland kommt, gechipt und damit gekennzeichnet sein muss. Auch der EU-Heimtierausweis kann nur für Hunde mit einem Mikrochip ausgestellt werden. Er dient der Identifikation und soll helfen, verlorene oder entlaufene Hunde schnell wieder ihren Besitzer:innen zuzuordnen. Der Chip kann in Sekundenschnelle mit einem entsprechenden Gerät von zum Beispiel Polizei, Tierheimen, Tierärzten ausgelesen werden. Das Gerät wird einfach an den Hals des Hundes gehalten und beim „Kontakt" mit dem Chip erscheint die 15-stelllige Nummer auf dem Display. Diese wird dann mit der im EU-Heimtierausweis eingetragenen Nummer abgeglichen.

Ohne Registrierung ist der Chip allerdings nutzlos, denn in der Regel wird der entlaufene Hund ja ohne EU-Ausweis aufgefunden. „Chippen & registrieren" gehören folglich zusammen wie „Kino & Popcorn" oder

Der Hund sollte sich nicht im Unterholz verselbständigen, sondern auf dem Weg bleiben. Ist das nicht möglich, muss er angeleint geführt werden.

„Ich bin dann mal weg!" Freigeister bleiben besser an der Leine.

„Salz & Suppe". Hund und Halter:in können erst dann einander eindeutig weltweit zugeordnet werden, wenn die 15-stellige Chipnummer des Hundes mit den Daten der Halter:in zusammengebracht wurden. Diese Zuordnung erfolgt über eine zentrale Registrierungsstelle, einem Haustierregister deiner Wahl. Manche Tierärzt:innen oder Tierschutzvereine helfen dir bei der Registrierung, aber du kannst deine Kontaktdaten, Name, Adresse, Telefonnummern und E-Mail auch selbst einfach und bequem von zuhause aus online eintragen lassen. Nach telefonischem Kontakt ist dies sogar auch per Post möglich und natürlich werden dabei alle Datenschutzverordnungen eingehalten. Schon kurze Zeit später erhältst du ein Datenblatt mit Ausweis und eine Marke, die du am Halsband, oder am Geschirr deines Hundes befestigen kannst. Auf der Marke befindet sich ein individueller Zahlencode, der nur für deinen Hund gültig ist, sowie die Telefonnummer eines 24h-Notfall-Servicetelefons. Sollte dein Hund entlaufen, ist unter dieser Nummer rund um die Uhr jemand erreichbar, der die Meldung aufnimmt und sich mit den Haltenden in Verbindung setzt, damit das Tier so schnell wie möglich wieder nach Hause kommt.

Simone berichtet: „Ich wohne sehr ländlich und mir ist es tatsächlich schon mehrmals passiert, dass sich mir auf meinen Spaziergängen im Wald halterlose Hunde, ohne Halsband und Marke, angeschlossen haben. Taucht nach langem Warten und erfolglosen Rufen niemand Verantwortliches auf, bringe ich die Hunde dann zur nächsten Polizeiwache, damit dort über das Auslesen des Mikrochips die Besitzer:innen ausfindig gemacht und informiert werden. Bisher waren die Hundehaltenden immer glücklich, ihren Hund wieder einsammeln und in den Arm nehmen zu können. Die Ausreißer waren entweder aus dem eigenen Garten ausgebrochen oder hatten sich beim Spaziergang verselbstständigt." Für alle Hundehaltenden ist das Verschwinden des Hundes ein absoluter Albtraum. Damit Mensch und Hund reibungslos wieder zueinanderfinden, sollten deswegen die hinterlegten Kontaktdaten immer auf dem aktuellen Stand gehalten werden.

IMPFUNGEN

Dr. Oliver Braun, zuständig für die Tierheime Bergheim und Köln-Dellbrück, informiert zur Tollwutimpfung: „Aus Studien weiß man, dass der Hund eine Immunkompetenz gegen Tollwut nur dann entwickeln kann, wenn er frühestens mit der 12. Lebenswoche geimpft worden ist. Ein ausreichender Impfschutz liegt erst 21 Tage nach der Impfung vor. Daher dürfen Hunde aus EU-Ländern erst ab der 15. Lebenswoche nach Deutschland einreisen – vorausgesetzt sie sind ab der 12. Lebenswoche gegen Tollwut geimpft worden. Der Impfschutz hält je nach Hersteller 2 bis 3 Jahre, dann sollte der Hund nachgeimpft werden."

Die Impfmoral der Hundebesitzer sinkt leider aktuell durch die Erhöhung des tierärztlichen Gebührensatzes. Heike Bergmann, Tierheimleitung Bergheim, beobachtet: „Hunde, die im Tierheim abgegeben werden, haben in den seltensten Fällen einen korrekten Impfpass. Sofern keine Urlaubsreisen und damit keine aktuelle Tollwutimpfung ansteht, wird in erster Linie an den jährlichen Impfungen gespart. Oft gab es nur eine Impfung im Welpenalter." Dabei schützen die Impfungen auch die einheimische Tiere davor, dass sich diese tödlich verlaufende Erkrankung in Deutschland wieder etablieren könnte.

Pomeranian-Welpe Luki hatte keine korrekte 2. Impfung. Er brauchte eine komplett neue Grundimmunisierung.

IMPFSCHEMA BEIM HUND

Ein Welpe wird etwa 8 Wochen von der Hündin gesäugt und erhält über die Muttermilch in der Regel einen ersten Schutz gegen viele Infektionskrankheiten. Dann folgt:

- **1. Impfung** des Welpen mit 8 Wochen gegen Parvovirose, Staupe, Leptospirose, Hepatitis Contagiosa Canis und Parainfluenza, wobei nur die ersten drei zu den „Core-Impfungen" zählen. (Das sind Impfungen gegen Erkrankungen, gegen die jedes Tier zu jeder Zeit geschützt sein sollte. Die Tollwut-Impfung zählt in Deutschland zu den „Non-Core-Impfungen", weil Deutschland als „Tollwut-frei" gilt und daher derzeit kein Ansteckungsrisiko besteht.)
- **2. Impfung** mit 12 Wochen gegen dieselben Erkrankungen und zusätzlich gegen Tollwut
- **3. Impfung** mit der 16. Lebenswoche empfehlenswert: in unterschiedlichen Studien hat sich gezeigt, dass ein Hund, wenn er mit der 16. Lebenswoche zusätzlich geimpft wird, einen noch verlässlicheren Impfschutz entwickelt
- **Die Grundimmunisierung des Junghundes** ist mit einer Wiederholungsimpfung gegen alle erwähnten Erkrankungen nach einem Jahr, folglich mit 15 Monaten, abgeschlossen
- **Alle 3 Jahre:** Nachimpfung gegen alle aufgeführten Erkrankungen in einer Impfung
- **Jedes Jahr:** Impfungen gegen Leptospirose und Parainfluenza, der Impfschutz für diese beiden Erkrankungen besteht immer nur für etwa ein Jahr

Quelle: Impfleitlinien zur Grundimmunisierung des StIKo Vet des Friedrich-Loeffler-Instituts

DIE KASTRATION

Wer sich im Tierschutz engagiert weiß, dass Kastrationen Überpopulation und damit Leid verhindern. Doch es gibt wohl kaum eine medizinische Maßnahme, die so widersprüchliche und emotionale Reaktionen auslöst wie die Kastration beim Hund. Bei Katzen zum Beispiel wird eine Unfruchtbarkeitsmachung nicht diskutiert, bei Hunden dagegen entbrennen wilde Diskussionen. Immer noch weit verbreitet ist der Glaube, dass die Kastraten fett und faul werden, gesteigerte Aggressivität, Dominanz und Futterverteidigung an den Tag legen. Ursula berichtet aus ihrem Alltag: „Ich beobachte genau das Gegenteil. Die kastrierten Hunde sind wesentlich sozialer und entspannter im Miteinander. Die Rüden haben wieder Freude an den gemeinsamen Aktionen und müssen sich nicht mehr ständig profilieren. Die Hündinnen unterliegen nicht mehr so starken Stimmungsschwankungen und verhalten sich ausgeglichener. Ich habe auch noch keinen Hund erlebt, der durch eine Kastration ängstlicher wurde. Und eine Gewichtszunahme lässt sich durch eine vernünftige Fütterung ganz leicht vermeiden (siehe Seite 200)."

Eine Kastration ist allerdings, obwohl es immer noch häufig angenommen wird, kein Allheilmittel für Verhaltensprobleme. Sie ersetzt weder Sozialisation und Erziehung, noch hat sie Auswirkung auf Bewegungsdrang, Energielevel und die Bellfreudigkeit des Hundes. Eine Kastration ist immer ein chirurgischer Eingriff, der mit einer Vollnarkose einhergeht und wie alle Operationen, Narkoserisiken beinhaltet. Das gilt es als Hundehaltende abzuwägen, denn nicht jeder Hund mit einem verantwortlichen Menschen an seiner Seite muss kastriert werden – es sind allerdings meist die jungen intakten Rüden, die aufgrund von Überforderung ihr Zuhause verlieren. Für Hunde im Tierschutz in Gehegen, in Tierheimen, und auch für die vielen Streuner stellt sich die Frage nicht: Kastrationen sind notwendig, denn dadurch werden Leiden und Krankheiten verhindert.

Zuchtreglement und Kastrationen sind notwendig um eine Überpopulation und weiteres Leid zu verhindern.

Ein sicherer Ersthund hilft den Pflegehunden im neuen Umfeld Fuß zu fassen.

DIE ROLLE DER PFLEGESTELLE

EIN DOPPELTER BEITRAG

Pflegestellen entlasten Tierheime, denn sie bieten Hunden aus dem Tierschutz ein vorübergehendes Zuhause im familiären Umfeld. Das hilft gleich zwei Hunden gleichzeitig: Dem einen Hund ermöglicht es, sich im privaten Umfeld alltagstauglich zu entwickeln. Dadurch wird im Tierheim oder in der Tierschutzorganisation für einen weiteren Hund in Not ein Platz frei. So leistet jede Pflegestelle einen doppelten Beitrag und gibt gleich zwei Hunden eine neue Chance. Die Pflegestelle kann durch die intensive gemeinsam verbrachte Zeit im Alltag zu den Bedürfnissen und Eigenheiten des Schützlings **realistisch** Auskunft geben. Fühlt der Hund sich zum Beispiel wohler in der Stadt oder soll er auf dem Land leben; darf es eine Familie mit Kindern sein, oder ist der ruhige Seniorenhaushalt geeigneter; oder ist ein Einzelhundehaushalt oder Mehrhundehaushalt passender.

Bei der Aufnahme eines Pflegehundes solltest du dich von der romantischen Vorstellung einen Hund zu retten lösen, denn es geht vielmehr darum Verantwortung zu übernehmen, mit allen damit verbundenen Aufgaben und Anforderungen, die das Tier mit sich bringt. Tierschutzvereine sind dabei auf **verlässliche** Pflegestellen angewiesen. Abgesehen von der, im Regelfall überschaubaren, finanziellen Belastung ist der zeitliche Aufwand nicht zu unterschätzen. Scheu dich nicht, bei Unsicherheiten die Ansprechpartner:innen um Rat zu fragen. (siehe Seite 27).
Diana Schiestel betreut die Pflegestellen der Galgo-Hilfe e. V. Sie erfüllte sich 2008 mit der Aufnahme von Greyhound Chadaz einen Kindheitstraum. Sie erzählt: „Chadaz kam von der Rennbahn und kannte das Leben im Haus nicht. Damals hatte ich keinen sich verantwortlich fühlenden Verein an meiner Seite. Heute weiß ich, wie wichtig das ist. In den ersten Tagen war meine größte

Herausforderung, dafür zu sorgen, dass Chadaz die Katze leben ließ. Verzweifelt habe ich über Freundin Mareike Kontakt zu Ursula Löckenhoff aufgenommen. Wir haben an Lösungen gearbeitet und geschafft, dass der Greyhound und die Katze innerhalb weniger Wochen ein Team wurden.“ Nicht nur bei erzieherischen Fragen, sondern auch zur medizinischen Versorgung und Kostenübernahme braucht es versierte Ansprechpartner:innen. Diana berichtet: „Pflegestelle zu sein ist eine herausfordernde, nervenaufreibende und manchmal auch belastende Aufgabe, die einen an die eigenen Grenzen bringt. Die Pflegehunde sind oft nicht stubenrein, manche ziehen an der Leine, knabbern Möbel an und andere stehlen wie die Raben. Es ist nicht nur ein großer Vorrat an Küchenpapier von Nöten, sondern es braucht auch Geduld und Einfühlungsvermögen. Galgo Español Olaya zum Beispiel, stellte meinen ganzen Haushalt auf den Kopf. Von ihr lernte ich Aufregung mit Ruhe und Humor zu begegnen, denn Windhunde lassen sich nicht bestimmen – sie folgen ihrer eigenen Bestimmung. Jeder weitere aufgenomme Hund hat so meine Resilienz, aber auch meinen Blick für den Tierschutzhund und seine Bedürfnisse geschult. Wenn der Schützling dann das Wichtigste gelernt hat, steht meist der Abschied kurz bevor. Es ist immer schwer sich von den Hunden zu verabschieden. Aber die Freude überwiegt, wenn mir Bilder geschickt werden und den ehemaligen Schützling glücklich und zufrieden zeigen. Das ist mein Lohn und gibt Kraft weiterzumachen, um auch dem nächsten Hund den Traum von einer eigenen Familie zu ermöglichen.“

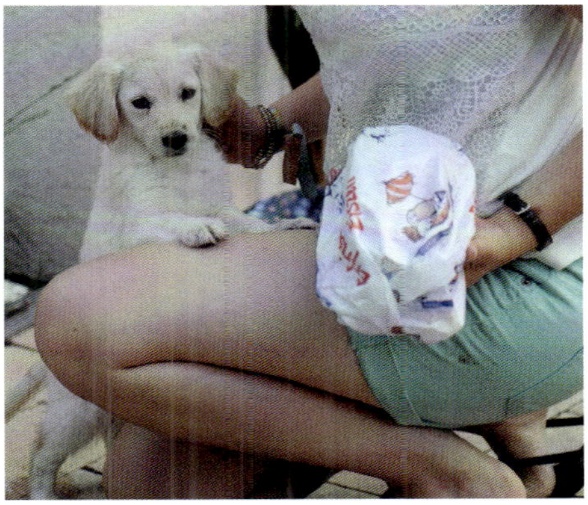

Auf einer Pflegestelle lernen Hundekinder das Zusammenleben mit den Menschen.

Ivy hat ihre Familie gefunden und die mittlerweile erwachsene Hündin unterstützt ihre Mama schon viele Jahre bei der Arbeit mit der Hundegruppe @Xenias_souldogs.

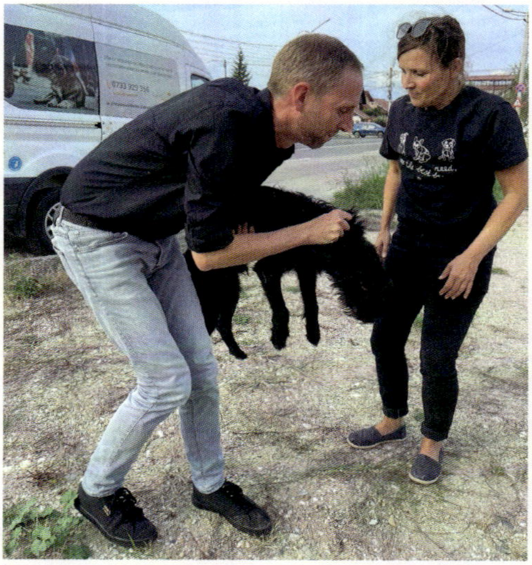

☞ STRUPPIS GESCHICHTE

Struppi fand ich nach Dreharbeiten an einer befahrenen Straße in Rumänien. Mit Hilfe von Matthias Schmidt/Tierhilfe Hoffnung e. V. konnten wir ihn sichern. In der SMEURA wurde er in den folgenden Wochen ausreisefertig gemacht – kastriert, geimpft, gechipt. Der Verein Streunerhilfe International e. V. übernahm ihn zur Vermittlung in Deutschland auf eine Pflegestelle und suchte, nach genauer Einschätzung, für ihn ein passendes Zuhause. Regelmäßig bekam ich immer wieder Grüße von ihm.

Oft sind es schwarze Hunde, die bei ihrer Vermittlungssuche mehr Sichtbarkeit und Support brauchen.

#fromstreetlifetosweetlife: Struppi wohnte glücklich am Niederrhein mit anderen Hunden und Katzen zusammen.

DIREKTADOPTIONEN

Auf Social Media werden zu vermittelnde Hunde per Foto, oft auch mit einem kurzen Clip vorgestellt. Du hast dich verliebt und beschlossen den Hund zu adoptieren? Bei einer Direktadoption wird der Weg über Tierheim oder Pflegestelle ausgelassen. Das ist doch klasse, denkst du dir, da muss sich der Hund ja gar nicht umgewöhnen, sondern kommt direkt zu dir in sein neues Zuhause. Aber schon Schiller riet: „Drum prüfe, wer sich ewig bindet, ob sich das Herz zum Herzen findet, der Wahn ist kurz, die Reu ist lang."
Auch Babette Terveer vom Tierschutzverein Notpfote Animal Rescue e. V. hat dazu eine klare Meinung: „Wir raten dringend von Direktadoptionen ab. Es lässt sich aufgrund eines Fotos und einer kurzen Filmsequenz nicht entscheiden, ob das nun wirklich das passende Tier für die Familie ist. Es ist immer noch mal was anderes den Hund zu sehen, zu fühlen und zu riechen. Deswegen rate ich unbedingt dazu, den Hund „real" kennenzulernen, bevor er einzieht (siehe Seite 24). Dazu kommt, dass sich die Hunde in ihrer bisherigen Lebenssituation vielleicht völlig unauffällig verhalten, in der städtisch häuslichen Situation aber nur schlecht bis gar nicht zurechtkommen, womöglich zusätzlich Depressionen, Ängste oder auch Aggressionen entwickeln und damit ihre neue Familie dann völlig überfordern. Nehmen die Vereine ihre Hunde daraufhin nicht wieder ins Adoptionsprogramm zurück, belasten diese bereits auffällig gewordenen Tiere, die ohnehin schon überfüllten deutschen Tierheime und schädigen damit zusätzlich den Ruf des Auslandstierschutzes. Die deutschen Tierheime sind außerdem **nicht** verpflichtet, Hunde aufzunehmen und können die Annahme verweigern, dann hast du dir unter Umständen ein Tier ins Haus geholt, das scheu oder bissig ist – kurzum, nicht zu dir passt und kannst das nicht einfach so rückgängig machen."
Auch unserer Erfahrung nach, ist der Weg und die Einschätzung durch deutsche Tierheime oder Pflegestellen die verantwortungsvollere Vermittlung.

Direktvermittlungen sind nur vertretbar und seriös, wenn der zuständige Verein die Vermittlung engmaschig betreut und gleichzeitig vertraglich regelt, dass eine Rücknahme binnen 24 Stunden garantiert ist. Denn wenn man sich vorstellt, dass ein Hund in einem Haushalt mit Kindern geschnappt hat und er erst in drei Wochen abgeholt werden kann oder im schlimmsten Fall, keiner mehr zuständig ist, dann ist das weder für den Hund noch für die Familie zumutbar.

Checkliste

VORAUSSETZUNG FÜR DIE BEWERBUNG ALS PFLEGESTELLE

- ☐ Hundeerfahrung (Sachkundenachweis)
- ☐ Belastbarkeit, Zeit und gute Nerven
- ☐ Mindestens ein sicherer, sozialer Ersthund
- ☐ Zustimmung zur Überprüfung durch den örtlichen Amtstierarzt
- ☐ Eigeninitiative bei der Vermittlung des Pflegehundes
- ☐ Freude daran mit Menschen zu arbeiten: Anfragen der Interessenten, Emails beantworten, Telefonate führen und Besuche empfangen
- ☐ Keine Berührungsängste vor Würmern, Flöhen & Co und Sorge vor Krankheiten wie Durchfall und Husten

---

DIE SITUATION IN DEUTSCHLAND

WELCHE HUNDE LANDEN IM TIERHEIM?

Heike Bergmann vom Tierheim Bergheim erklärt: „Jeder Hund kann sein Zuhause verlieren und in einem Tierheim untergebracht werden, die Gründe dafür sind vielfältig. Grundsätzlich unterscheiden wir Fundhunde von Abgabehunden und sichergestellten Hunden."

Fundhunde kommen fast täglich ins Tierheim. Gebracht durch Privatleute, Feuerwehr oder Polizei, werden sie in der Regel kurz darauf von den Besitzern wieder abgeholt. Hat der Hund einen Mikrochip und ist bei einem Haustierzentralregister wie zum Beispiel Tasso gemeldet, ist die Verweildauer im Tierheim meist nur kurz (siehe Seite 20). Im Tierheim wird der Hund, falls noch nicht geschehen, gechipt und registriert, auch wenn es für kleine Hunde (unter 40 Zentimeter Schulterhöhe bzw. 20 Kilo Körpergewicht laut Landeshundegesetz NRW) keine Pflicht ist (siehe Seite 20). Zeitgleich werden die Hunde bei Tasso angemeldet. Wenn ein Hund jedoch spätestens nach einer Woche noch nicht abgeholt wurde, gilt er als ausgesetzt, denn es ist eher ungewöhnlich, dass ein Fundhund erst nach Tagen abgeholt wird. Heike erinnert sich an Ausnahme „Bulli": „Der kleine Mixrüde fuhr mit seiner Besitzerin abends in Köln Straßenbahn. Sein Frauchen schlief ein und als sie wach wurde, war der Hund weg. Sie kam nicht auf die Idee, in den Tierheimen außerhalb von Köln anzurufen. Bulli ist irgendwann ausgestiegen und hat vielleicht noch die Bahn gewechselt – sein Fundort war auf jeden Fall im Rhein-Erft-Kreis, also einige Kilometer von Köln entfernt. Erst knapp drei Wochen später hat sich die Besitzerin bei uns gemeldet und ihn abgeholt. So richtig glaubwürdig war die Geschichte allerdings nicht."

Bella hat wieder Freude am Leben.

Fundhunde müssen mindestens drei Wochen im Tierheim verbleiben und auch wenn das Tier inzwischen vermittelt wurde, hat der Eigentümer ein halbes Jahr Anrecht auf seinen Hund.

Sichergestellte Hunde werden durch Ordnungsbeamt:innen der Stadt oder durch die Amtstierärzt:innen des zuständigen Veterinäramtes zu uns gebracht. In den meisten Fällen werden die Tierheime dazu gerufen, um den Hund zu sichern und zu transportieren. Wenn das Ordnungsamt involviert ist, geht es meist um die soge-

Hinschauen statt wegschauen: Die Hündin konnte aufgrund von Zivilcourage sichergestellt werden.

nannten Listenhunde (siehe Seite 35). Wenn der Hund illegal gehalten wurde, wird er dem Hundehaltenden entzogen und es besteht keine Möglichkeit, ihn wiederzubekommen. Heike erinnert sich: „Nacho zum Beispiel wurde von seinen Besitzern unbedacht als Welpe in einem anderen Bundesland gekauft, seine Familie wurde leider beim Kauf nicht aufgeklärt. Obwohl der Hund in einer Familie mit Kindern und einem weiteren kleinen Hund aufgewachsen und ein absolut sozialer Familienhund war, musste er abgegeben werden. Für die Familie ein untröstlicher Moment."

Wenn ein Hund vom Veterinäramt sichergestellt wird, ist meistens jedoch das Wohl des Tieres in Gefahr. Es werden dann Fristen zur Verbesserung der Haltung oder des Umgangs gemacht und in gravierenden Fällen wird der Hund sofort seinen Besitzer:innen entzogen. In den darauffolgenden Wochen bis Monaten wird das Tier im Tierheim versorgt, immer in der Hoffnung, dass die Haltung gerichtlich untersagt wird und das Tierheim die Freigabe bekommt, den Hund endlich in ein neues Zuhause vermitteln zu können. Im Idealfall verzichten Besitzer:innen auch direkt nach Wegnahme auf ihre Ansprüche.

Simone erinnert sich an Bella, die 2024 in der WDR-Sendung „Tiere suchen ein Zuhause" vorgestellt wurde: „Die kleine Mischlingshündin wurde dermaßen von ihrer Besitzerin gequält und misshandelt, dass die Amtstierärztin in kürzester Zeit Maßnahmen ergriffen hat und es zur direkten Sicherstellung von Bella ins Tierheim kam. Wir berichteten in der Sendung über ihre Geschichte, die vielen Menschen „ans und ins Herz" ging. Aus gesundheitlichen Gründen musste die verstörte und verängstigte Bella noch im Tierheim bleiben und behandelt werden. Dort teilte sie sich ihr Hundezimmer mit dem „tiefergelegten" Berner-Sennenhund-Mischling Maki, mit dem sie ausgelassene Zerrspiele veranstaltete; dem Jack-Russel-Mischling Batman, mit dem sie sich kuschelnd das Körbchen teilte und dem Rottweiler Mischlingsrüden Enzo, der Bellas Lebensfreude wieder erweckte. Begegnungen, die zeigten, wie wichtig und unterstützend das Zusammenleben mit anderen Hunde für Bella in Zukunft sein würde. Bellas Geschichte berührte mich persönlich sehr. Eine Hündin, die den Misshandlungen ihrer damaligen Besitzerin komplett ausgeliefert war und nur durch Zivilcourage, „hin- und nicht wegzusehen", der Nachbarn gerettet werden konnte. Nach der Sendung versprach ich Bella, dass wir ein neues Zuhause für sie finden und wir sie gemeinsam dort hinbringen würden."

Häufiger Abgabegrund: Der Hund hat das Kind gebissen. Wenn aus dem heiteren Spiel plötzlich Ernst wird …

Abgabehunde – die häufigsten Gründe

„Wir sind überfordert" ist seit vielen Jahren der häufigste Satz bei der Abgabe eines Hundes. Meistens handelt es sich dann um Verhaltensauffälligkeiten, wie Schnappen oder Knurren und die Angst, dass es zu einem richtigen Beißvorfall kommt. Genauso kann der Hund aber auch zu agil und fordernd sein, oder auch die Lebensumstände der Hundehaltenden haben sich geändert: mangelnde Zeit, Umzug in eine Wohnung ohne Hundehaltung oder ein Familienmitglied hat eine Allergie entwickelt.
Besonders traurig sind die Fälle, wenn Hundehaltende verstorben sind oder in ein Pflegeheim übersiedeln müssen. Alt, dick durch Bewegungsmangel und mit einigen gesundheitlichen Baustellen bezeugen sie, dass sich über Jahre kaum jemand um sie gekümmert hat. Heike erinnert sich an die kleine Pinscher Mischlingshündin Pippa: „Sie hatte eingewachsene Krallen, extrem schlechte Zähne und eine hochgradige Leberentzündung. Sie wurde vom Sohn des Besitzerehepaares zu uns gebracht, das wegen Demenz zeitgleich in Betreuung musste. Alles Traurige hat jedoch auch immer etwas Gutes: Obwohl sie ihr Zuhause verloren hat, bekommt Pippa jetzt bei uns endlich die so dringend erforderliche tierärztliche Versorgung."
Durch die Erhöhung der Tierärztlichen Gebührenordnung (GOT) ist ein weiteres Problem auf die Tierheime zugekommen, denn viele Hundehaltende können die aktuellen Behandlungskosten für ihr Tier nicht mehr bezahlen. Die Kliniken wenden sich dann an die Tierheime und bitten darum die Hunde zu übernehmen, denn sonst werden sie euthanasiert. Hier geht es meist um verunfallte Hunde oder Hunde, die aus anderen Gründen eine OP brauchen wie zum Beispiel eine Kreuzbandoperation. Heike berichtet: „Wir übernehmen diese Hunde dann samt aller angefallenen Kosten. Der kleine Zwergspitz Luki ist beim Spielen verunglückt – keiner aus der Familie konnte den genauen Unfallhergang erklären. In Lukis Rückenmark hatte sich eine Entzündung gebildet und er war dadurch

... und der Hund zupackt, ist nicht der Hund Schuld, ...

... sondern die mangelnde Aufsicht der verantwortlichen Eltern.

halbseitig gelähmt. Zur Diagnose musste er ins MRT in die Klinik. Gerade erst hatten seine Menschen 1.100 Euro für ihn beim Züchter bezahlt und die Behandlungskosten aufzubringen war für sie unmöglich." Andere wollen ihr Tier schlichtweg nicht oder vernachlässigen die Nachsorge. Für sie gibt es nur die Option des Einschläferns, weil sie meinen, dass das Tier im Tierheim unglücklich ist. Heike stellt richtig: „Wie gut, dass Hunde die fantastische Gabe haben, umzuswitchen und sich in kürzester Zeit an neue Menschen gewöhnen. Der kleine Luki ist zum Beispiel nach dreimonatiger Behandlung glücklich in sein neues Zuhause gelaufen! Vielen Hunden helfen die täglichen Routinen und die Struktur des Tierheims und sie bekommen ausreichend Zeit, um sich langsam an uns zu gewöhnen. Unterschiedlich schnell normalisieren sie ihr Verhalten und zeigen sich gar nicht mehr so problematisch, wie sie bei Abgabe beschrieben wurden."

BESCHLAGNAHMUNG UND QUARANTÄNE

Was bedeutet das für die Hunde? Beschlagnahmte Hunde werden aus den unterschiedlichsten Gründen von Behörden, vorrangig dem zuständigen Veterinäramt, den Hundehaltenden entzogen und zur weiteren Versorgung im Tierheim sichergestellt. In den meisten Fällen ist entweder das Tierwohl gefährdet oder es liegen Gesetzesverstöße vor. In dem Zusammenhang steht häufig der illegale Hundehandel, vorrangig aus Osteuropa, der vor allem während Corona von der großen Nachfrage nach Hunden profitierte. Die Anfrage nach beliebten Hunderassen wir Labrador, Malteser und Pomeranian stieg dermaßen, dass sich deutsche Züchter:innen evtl. gezwungen sahen, Welpen dazu zu kaufen. Organisierte Welpenhändler wiederum haben parallel viel zu junge Welpen per Kleinanzeigen im Internet angeboten. Nur ein Bruchteil davon wurde gestoppt und damit die Hunde sichergestellt, die keinen Impfpass hatten.

Bei der Beschlagnahmung wird vor allem die gültige Tollwutimpfung kontrolliert. Ein Welpe kann erst mit 12 Wochen dagegen geimpft werden und darf dann frühestens 21 Tage nach der vollständigen Impfung ausreisen. Je nach Impfstatus berechnet sich die Quarantänezeit und das kann einige Wochen dauern (siehe Seite 22). Dann ist der Welpe vielen Käufern jedoch schon zu alt und sie treten vom Kauf zurück. Muss der Hund in Quarantäne, stehen ihm, wenn er allein beschlagnahmt wird, viele einsame, lange Wochen bevor. Die Hunde müssen sich in eine Situation einfügen, die nur schwer auszuhalten ist. Aber bei fehlender oder falscher Impfung besteht sonst die Gefahr der Parvovirose, einer hochansteckenden Viruserkrankung, die bei einem ungeimpften Welpen lebensbedrohliche Durchfälle und Erbrechen sowie Fieber und Appetitlosigkeit hervorrufen kann und meistens auch tödlich endet. Heike berichtet aus ihrem Tierheimalltag: „Unvergessen bleiben die beiden kleinen Malteserwelpen, die von rumänischen Händlern per Internetanzeige angeboten wurden. Die Käufer wurden durch halb Nordrhein-Westfalen geschickt, immer wieder wurden neue Treffpunkte ausgemacht, um die Spuren zu verwischen. Während die eine kleine Hündin keinen EU-Heimtierausweis hatte, war im Ausweis der anderen eine falsche Transpondernummer vermerkt und die Impfung unvollständig. Auch das angegebene Alter war unpassend. In unserem Tierheim bleibt jeder Welpen ungeklärter Herkunft so lange im Quarantänebereich, bis das Ergebnis inklusive Auswertung der Kotproben aus dem Labor kommt. Diese beiden Welpen waren beide Parvovirose positiv und mussten in Quarantäne bleiben. Nicht nur eine Herausforderung für die Kleinen, sondern auch für uns Mitarbeiter:innen. Denn bei jedem Besuch im Quarantänebereich muss spezielle Schutzkleidung angezogen, beim Verlassen

01

ausgezogen und entsorgt werden. Nur so kann die Verbreitung todbringender Viren verhindert werden. Die Beiden haben es geschafft und sind trotz wochenlanger Quarantäne heute soziale, gut entwickelte Hunde – ein Beweis dafür, dass Hunde so einiges nachholen können. Auch wenn es eine wichtige Zeit ist, was sind schon 8 oder 10 Wochen im ganzen Leben eines Hundes?"

WIE LÄUFT DIE VERMITTLUNG AUS DEM TIERHEIM AB?

Die Vermittlung ist immer wieder aufs Neue ein Puzzle mit drei Parteien, das am Ende passen muss, weiß Heike: „Die Interessenten, der Hund und wir. Jede Vermittlung ist individuell, aber dennoch gibt es ein gewisses Raster, wie eine Vermittlung abläuft: ein intensives Vorgespräch, das Kennenlernen des Hundes, die Vorkontrolle des neuen Zuhauses und schließlich die Übernahme des Hundes per Schutzvertrag."
Die Interessent:innen schauen sich die Homepage des Tierheims vorab nach einem passenden Hund durch. Gute Fotos und eine ehrliche, genaue Beschreibung aller zur Vermittlung stehenden Hunde sind

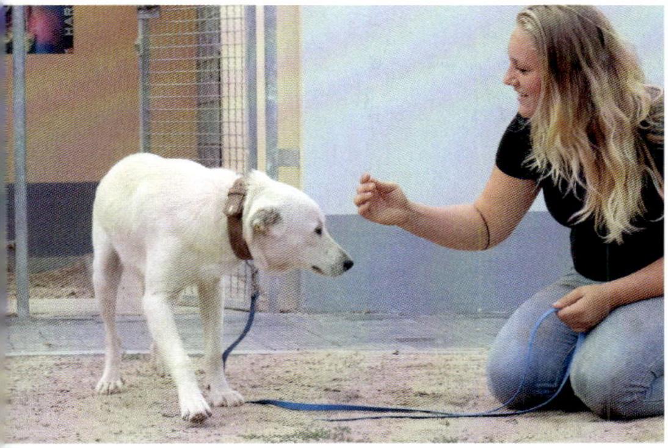

02

03

daher Pflicht. So bekommen sie die Möglichkeit zu prüfen, ob überhaupt ein passender Hund im Tierheim ist und sich der Weg lohnt. Im Erstgespräch mit den Interessenten wird herausgefunden, ob die Hundehaltung ein gutes, wohldurchdachtes Vorhaben ist und ob der Wunschhund wirklich passend ist. Heike erzählt aus ihrem Tierheimalltag: „‚Die wollen ihre Tiere ja gar nicht loswerden', ist einer der beliebtesten Sprüche, wenn die Vermittlung seitens des Tierheims nicht zustande kommt. Erstaunlicherweise wird uns sehr gern das Recht abgesprochen, nein zu sagen, also die Vermittlung abzulehnen. Da wir im Tierheim keine Stühle verkaufen (mein Lieblingsspruch), sondern es sich um ein Lebewesen handelt, sollte ausreichend Zeit eingeplant werden. Intensives Kennenlernen durch mehrmaliges Spazierengehen und diverse Gespräche zeigen, ob die Vermittlung Zukunft hat. Bei jeder Couch, die im Möbelhaus bestellt wird, ist der Käufer bereit, bis zu 16 Wochen zu warten. Warum sind viele Besucher:innen im Tierheim so ungeduldig und möchten von jetzt auf gleich einen Hund mitnehmen? Denn wenn der Hund einmal im neuen Zuhause ist, kann er leider nicht zum Hörer greifen und mir sagen: ‚Hey, hier läuft es suboptimal, hol mich wieder ab.'"

04

01 – 04
In gut aufgestellten Tierheimen beschäftigen sich die Pfleger:innen mit den Hunden und arbeiten mit ihnen. Sie kennen ihre Tiere, können sie gut beschreiben und Interessent:innen beraten.

Die Vermittlung ist also die verantwortungsvollste und schwierigste Aufgabe der Tierschützenden. Sie ist anstrengend und beanspruchend, sie fängt bei der Vorstellung des Tieres auf der Homepage an, geht über E-Mail-Anfragen und telefonischen Kontakt über das Kennenlernen bis zur Vorkontrolle, Vermittlung und Nachkontrolle. Aber sie ist auch die schönste Aufgabe. Und es ist der

Tierschutz braucht Engagement, Aufklärung und Öffentlichkeitsarbeit. Während Ursula und Simone kommende Projekte planen, schläft Chupi entspannt ein.

schönste Lohn, wenn der Hund freudig mit seinen neuen Menschen mitläuft und nach einigen Tagen per E-Mail wundervolle Fotos von glücklichen Menschen mit ihrem glücklichen Hund kommen.

FINANZIERUNG DEUTSCHER TIERHEIME

Werden Tierheime nicht automatisch durch die Stadt, in der sie liegen finanziert? Das liegt doch eigentlich nahe, erst recht, wenn sie den jeweiligen Städtenamen in ihrem Namen tragen. Fakt ist jedoch, dass sie zwar öffentliche Zuschüsse von Kommunen, Bundesländern oder dem Bund für verschiedene Projekte erhalten, diese jedoch nicht die anfallenden Kosten decken. Eine einheitlich festgelegte Summe, die für alle Tierheime in Deutschland gleich ausfällt, gibt es nicht. Tierheime in ärmeren Regionen werden häufiger geringer bezuschusst und sind deswegen entsprechend schlechter aufgestellt. Auch die von Kommunen oder Städten geleistete „Fundtierpauschale", die den Tierheimen zur Entschädigung bei Aufnahme, Unterbringung und Pflege des Tieres gezahlt wird, reicht oft vorne und hinten nicht aus. Zudem sie sich ausschließlich auf Fundtiere und nicht auf Abgabetiere bezieht (siehe Seite 28).

Wir möchten an der Stelle darauf hinweisen, dass die deutschen Tierheime gesetzlich **nicht** dazu verpflichtet sind alle Abgabetiere aufzunehmen. Das wäre auch gar nicht möglich, denn in Deutschland sind Kapazitäten und Ressourcen mittlerweile viel zu begrenzt, um die Menge an vor allem auffällig gewordenen und damit schwer vermittelbaren Hunden aufnehmen zu können. Während die notwendige Unterstützung für den Auslandstierschutz zum Teil leichter nachvollziehbar ist, werden die finanziellen Schwierigkeiten, mit denen die deutschen Tierheime zu kämpfen haben, nicht unbedingt wahrgenommen.

Der deutsche Tierschutz braucht genauso Aufmerksamkeit, Engagement und Gelder, zum Beispiel durch Spenden, Mitgliedsbeiträgen, Fördermittel & Co – nur so können die Tierschützer:innen weiterhin aktiv bleiben.

DER LISTENHUND

Der Listenhund ist in Tierheimen und Tierschutzvereinen ein häufig anzutreffender Hundetypus mit einem gewissen äußeren Erscheinungsbild. Der Listenhund, auch Anlagehund genannt, ist folglich keine spezielle Hunderasse, sondern eine übergeordnete Bezeichnung, beziehungsweise Einstufung diverser Hunde, die einem bestimmten Phänotyp entsprechen.
Stefan Engels, Dog-Trainer DHK und Verhaltensberater mit Schwerpunkt Aggression und Listenhunde berichtet: „Der Auslöser und Grund, warum diese Hundetypen auf der Liste stehen und damit als gefährlich gelten, war ein schrecklicher Vorfall am 26. Juni 2000 in Hamburg, als der sechsjährige Volkan von zwei sogenannten *„Kampfhunden"*, also von Vertretern der heutzutage bekannten Listenhunde, zu Tode gebissen wurde.
Dieser schreckliche Vorfall löste damals in Deutschland eine intensive Debatte aus, welcher gesetzliche Vorgaben zur Anschaffung, Haltung und zum Führen diverser Hunderassen folgten. Durch die mutmaßliche Unbekümmertheit und Fahrlässigkeit der Halter wurden die beiden Hunde, respektive deren Rassen, zum Mahnmal für gefährliche Hunde, also Hunde der Kategorie 1 im Rahmen der seinerzeit erlassenen Listenhundeverordnung."
Jedes Bundesland hat eine individuelle Landeshundeverordnung. Es ist also immens wichtig, dass du dich vor der Aufnahme eines Hundes mit der jeweilig geltenden Landeshundeverordnung deines Bundeslandes auseinandersetzt* (Seite 38). Das „Einfuhr- und Verbringungsgesetz" gilt allerdings bundesweit. Es verbietet grundsätzlich die Einfuhr der Hundetypen und deren Kreuzungen (Mixe), die zu Kategorie 1 zählen. Welcher Rasse oder Kreuzung ein aufgenommener Hund angehört, wird seitens der Veterinärbehörde bei einem phänotypischen Rassegutachten entschieden.

Wenn du dich für einen Listenhund aus dem Tierschutz interessierst, sollten die Verantwortlichen sich mit den Rassen auskennen ...

... und dich über die damit verbundenen Gesetze und Auflagen aufklären.

Mathilda ist ein Alano und wurde vom TS Pitbull, Stafford & Co. Köln e. V. in der Sendung vorgestellt.

Stefan erklärt: „Dein zuständiges Veterinäramt kann dich also mit deinem Hund vorladen und aufgrund der Optik entscheiden, welcher Rasse dieser Hund angehört. Ein Gentest kann zur Entscheidungsfindung hinzugezogen werden, bietet in NRW* jedoch keine grundlegende juristische Sicherheit (siehe Seite 82)." Hunde der Kategorie 1 dürfen in NRW* (Seite 38) ausschließlich nach vorheriger Genehmigung durch die Ordnungsbehörde aus Tierheimen oder Tierschutzvereinen übernommen werden. Die Beschaffung aus privater Hand, aus einschlägigen Portalen im Internet, von Vermehrern und/oder Züchtenden ist verboten. Auch Hunde der Kategorie 2 brauchen in der Regel bei Adoption eine ordnungsbehördliche Erlaubnis, dürfen jedoch auch von „Privat" übernommen werden.

Ganz wichtig sind folgende Kriterien, die bereits vor der Aufnahme eines solchen Hundes erfüllt sein sollten:

1. **großer Sachkundenachweis**, der im Rahmen eines Multiple Choice Testes beim Veterinäramt abgelegt werden muss
2. **ein polizeiliches Führungszeugnis,** welches keinerlei Eintragungen haben sollte und bei der zuständigen Ordnungsbehörde beantragt werden muss
3. **ein Versicherungsnachweis** bzw. eine Absichtserklärung deiner Versicherung, einen „Listenhund" im Rahmen der Haftpflicht versichern zu wollen

Stefan rät: „Wenn du dich für einen Listenhund aus dem Tierschutz interessierst, sollten die Verantwortlichen sich mit den Rassen auskennen und dich über die damit verbundenen Gesetze und Auflagen aufklären können. Denn eventuell kommen noch weitere Faktoren, zum Beispiel die Einzäunung des Grundstückes und mehr, auf dich zu. Das solltest du individuell mit deiner zuständigen Ordnungsbehörde erörtern. Die Grundvoraussetzungen bilden jedoch die drei bereits oben erwähnten Punkte. Dieses etwas aufwendigere Unterfangen, bevor die Haltung eines Listenhundes ganz gesetzeskonform läuft, ist sicherlich etwas komplexer als der Erwerb eines nicht gelisteten Hundes. Nichtsdestotrotz begrüße ich die Tatsache, dass es zukünftige Listenhundehaltende vor diverse Herausforderungen stellt, bevor sich auf dem einfachsten Wege mal eben solch ein Hund zulegt wird."

Aber sind denn Listenhunde nun tatsächlich gefährlicher als andere Hunde?

Stefan antwortet: „Nach vielen aktiven Jahren im Tierschutz und im Hundetraining kann ich diese Frage nicht wirklich generalisiert beantworten, wissenschaftlich belegen, oder auch widerlegen. Natürlich würde ich Äpfel mit Birnen vergleichen, wenn ich den American Pitbull Terrier, mit dem nicht gelisteten Golden Retriever in den direkten Vergleich setze. Denn der Pitbull ist aufgrund seiner Schnelligkeit, seiner muskulären Vorteile, seiner Reaktivität und auch seiner Genetik (Missbrauch in Hundekämpfen) sobald es zu einer ernstzunehmenden Situation im Rahmen einer Beschädigungsabsicht kommt, situativ gefährlicher als der Retriever. Betrachte ich jedoch den gelisteten Rottweiler, den American Bulldog und den Mastino Español mit dem nicht gelisteten Presa Canario, Cane Corso und dem Kangal, dann haben wir hier den Vergleich zwischen insgesamt vier Molossern und zwei Herdenschutzhunden, die sich in Größe, Kraft, Aufgaben und Herkunft in nichts nachstehen."

Schauen wir uns die vier Rassen an, die in NRW* (Seite 38) auf Liste 1 stehen, dann sind das ausschließlich Terrier. Tendenziell sind die Terrier uns Menschen gegenüber aufgeschlossen und kontaktfreudig und ebenso tendenziell weniger gut auf Artgenossen zu sprechen. Ebenso vereint die Terriertypen eine erhöhte Reaktivität auf diverse Reize. Sie geraten schneller in einen hohen Erregungszustand als viele andere Rassen.

Auf Liste 2 in NRW* (Seite 38) finden wir die Rassen, die sich den Molossern bzw. den Herdenschützern zuordnen lassen. Diese zeichnen sich durch ihre Grundskepsis gegenüber allen Fremden, sowohl Mensch als auch Tier aus. Auch ihre Reaktivität ist im direkten Vergleich zu den Terriertypen eher als geringfügiger einzustufen.

Pirat – Der American-Bulldog-Mix fand über Tiere suchen ein Zuhause seine neuen Menschen. Sie haben bereits mehrere Listenhunde aus dem Tierschutz übernommen. (Da es dort keine Rasseliste gibt, darf er seine Gassirunden ohne Maulkorb genießen.)

Stefan erzählt: „Eine sehr geschätzte Freundin beschrieb die Charaktere der verschiedenen Hundetypen einmal sehr greifbar in folgender Szenerie: Du gehst mit deinem Hund in der Dämmerung spazieren. Am Rand des Waldes hat jemand etwas abgestellt. Es steht dort also etwas, was da gestern noch nicht stand. Aufgrund der Dämmerung lässt sich nicht genau erkennen, was das dort ist. Der Staffordshire Bullterrier bittet: ‚Das ist aber unheimlich. Ich traue mich nicht weiter. Kannst du bitte mal schauen, was das ist?' Der American Staffordshire Terrier schlägt vor: ‚Komm, lass uns gemeinsam schauen was da ist, denn gemeinsam sind wir unschlagbar!' Der American Pitbull Terrier rät: ‚Bleib mal hier stehen, ich kümmere mich darum – bin gleich zurück!' Der Dogo Argentino sagt: ‚Stopp, da ist irgendetwas! Lass uns mal abwarten, ob es wegrennt, oder angreift. Dann kümmere ich mich darum!' Der Rottweiler plustert sich auf und sagt: ‚Ich knurre, bis wir da sind, was das Zeug hält. Das Ding wird schon sehen, was dann passiert!' Der Mastino Español sagt: ‚Beruhige dich. Wir bleiben jetzt ganz entspannt hier stehen und beobachten, was das ist, was es will und warum es hier ist – ich werde eine Lösung für uns finden.'"

Das Beispiel veranschaulicht bildhaft, dass die verschiedensten Rassen alle etwas anders gelagert sind. Natürlich sollte jedes einzelne Tier unbedingt auch in seiner persönlichen Individualität betrachtet werden. Diese ist zusätzlich abhängig von Genetik, Epigenetik, Prägung, Sozialisierung, Haltung und auch von den Hundeeltern.

*** Bitte informiere dich in deiner Stadt ausführlich für welche Hunde es in der Anschaffung, Haltung und Führung besonderer Auflagen bedarf!**

ACHTUNG HUNDEMARKT: WELPENHANDEL & CO

Der unseriöse Hundehandel und vor allem illegale Welpenhandel sind sehr wichtige Themen. Hier wollen wir aufklären, Klarheit und verstärkt Achtsamkeit schaffen, denn nach dem Drogen-, Waffen- und Menschenhandel ist der illegale Welpenhandel mit eines der lukrativsten Geschäfte. Ein Millionengeschäft, das viele Menschen schnell und relativ einfach reich machen kann, jedoch immer auf Kosten der Tiere geht. Ein Geschäft, das man natürlich nicht unterstützen möchte. Aber wie lassen sich seriöse von unseriösen Anzeigen beziehungsweise Angeboten erkennen? Denn auch die seriösen Tierschutzvereine oder die verantwortungsvollen Züchter:innen stellen ihre Hunde ja durchaus im Internet vor.

Das Angebot an Hunden, besonders Welpen, im Netz, den Sozialen Medien, in den regionalen Zeitungen ist riesig. Ein regel-

„Abfallprodukt" aus Massenzucht. Alles was nicht verkauft wird, wird entsorgt.

Unseriöse Händler:innen schlagen oft ein Kennenlernen bzw. eine Übergabe an öffentlichen Plätzen, wie Parkplätzen vor. Nimm kein noch so niedliches Tier sofort im Tausch gegen Bargeld mit!

rechter „Hunde-Dschungel“, der es schwer macht, seriöse von unseriösen Angeboten zu unterscheiden. Erst recht, wenn man noch keine Berührungen mit Tierschutzthemen oder dem Tierschutz im Allgemeinen hatte. Den unseriösen Hundehandel, den illegalen Welpenhandel wissentlich unterstützen? Das möchte sicherlich niemand. Es gibt jedoch ausreichend Hinweise, bei denen die eigenen „Alarmglocken“ klingeln sollten. Intensives, kritisches Nachfragen ist absolut nicht verwerflich und auch auf das eigene Bauchgefühl sollte vertraut werden.

DIE RICHTIGEN FRAGEN STELLEN

Ein absoluter Klassiker unter den Angeboten ist auch heute noch die klassische Anzeige in den regionalen Zeitungen oder in den unterschiedlichsten Kleinportalen im Internet. Beispiel eines Anzeigentextes: „Niedliche 8 Wochen alte Dackel-, Labradoodle-, Golden Retriever- und französische Bulldoggenwelpen von privat für 600 Euro zu verkaufen/in liebevolle Hände abzugeben“.

Bei solch einer Anzeige ist Vorsicht geboten. Warum?

1. Es werden gleich mehrere Welpen beliebter, stark nachgefragter Rassen angepriesen. So viele Rassen gleichzeitig, seriös und artgerecht zu züchten und aufzuziehen ist ein Ding der Unmöglichkeit!
2. Der Preis ist viel zu niedrig. Ein Preis, für den keine seriösen Züchtenden ihre Tiere anbieten, geschweige denn abgeben würden. Es finden sich natürlich auch Annoncen, in denen solche Hunde für eine viel höhere Summe zum Verkauf angeboten werden, denn die „Verkäufer:innen“ sind, was das Geschäft mit Tieren angeht, sehr „marktorientiert“ und clever.
3. Weitere Indizien für mangelnde Seriosität sind Rechtschreibefehler in den zugehörigen Texten und keine vernünftigen Kontaktdaten, lediglich eine Handynummer, manchmal sogar noch mit ausländischer Vorwahl. Es fehlen Festnetznummer, Name und Adresse.

Dank engagierter Tierschützer darf der Kleine in der Obhut einer Pflegestelle aufwachsen.

Hier bitte absolut: Finger weg! Auch wenn die Bilder von niedlichen Welpen ans Herz gehen. Keine Frage, aber genau das ist Kalkül der Anbietenden. Auch Mitleid ist niemals ein guter Antrieb, da du mit jedem Kauf das knallharte und grausame Geschäft unterstützt. Den illegalen Geschäftstreibenden gelingt es auch immer wieder sich als seriöse Tierschutzvereine oder -organisationen auszugeben. Folglich fallen immer noch viel zu viele Hundeliebhaber:innen, die doch eigentlich alles richtig machen wollten, auf die vermeintlich seriösen Anzeigen herein.

Die richtigen Fragen bei der direkten Kontaktaufnahme können dir helfen unseriöse „Angebote" zu erkennen.

„Wie alt sind die angebotenen Hunde?"
Welpen dürfen frühestens mit 8 Wochen von der Mutter getrennt werden (besser erst mit 10 bis 12 Wochen). Züchtende, die einen vor diesem Termin mit dem Abholen des Welpen unter Druck setzen, machen sich unseriös (siehe Seite 62). Achte darauf, ob die Welpen alle im gleichen Alter sind, denn sonst handelt es sich nicht um den gleichen Wurf! Oder, „Worst Case", sind sie sogar viel jünger als angegeben?

„Wo befindet sich der Hund? Wo kann ich ihn besuchen?"
Unseriöse Händler:innen werden dir keine private Adresse und auch keine Festnetznummer geben, sondern schlagen oft ein Kennenlernen, eine Übergabe an öffentlichen Plätzen, wie zum Beispiel Parkplätzen vor. Manche mieten sich für das Kennenlernen extra eine Ferienwohnung und geben diese als ihre eigene aus. Natürlich sind Einrichtungsgeschmäcker verschieden, aber diese „Kennlern-Wohnungen" haben nichts mit einem Zuhause gemeinsam. Sie wirken steril und es gibt keine persönlichen Fotos, keine persönlichen Gegenstände – weder von den Menschen noch von den Hunden.

Ein weiterer Hinweis kann sein, wenn der Name auf dem Klingelschild überklebt wurde. Manche Händler:innen bieten sogar an, den Hund vorbeizubringen. Das Ziel: Ihre Identität auf ein Minimum zu reduzieren. Lass Ausreden wie diese nicht gelten: „Unsere Adresse ist sehr schwer zu finden" oder „Wir sind gerade erst umgezogen, ein Besuch ist daher sehr ungünstig" – Achtung Reminder: höre immer auf dein Bauchgefühl!

„Kann ich die Mutterhündin oder auch beide Elterntiere kennenlernen?"
Bei unseriösen Händler:innen wird es Ausreden geben, warum zumindest das Muttertier nicht da ist: „ist krank und ist beim Tierarzt"; „ist beim Gassi"; „ist unverträglich" oder „hat Angst vor Menschen"– Ausreden über Ausreden. Es kann auch sein, dass dir eine andere Hündin statt der Mutterhündin präsentiert wird. Wenn es sich wirklich um das Muttertier handelt, wird ihr Gesäuge deutlich ausgeprägt sein. Ein weiterer Hinweis kann natürlich auch die Ähnlichkeit von Mutter und Welpen sein.

„Bekomme ich einen Heimtierausweis, in dem die Impfungen der Welpen (oder des älteren Hundes) dokumentiert sind und auch die Chipnummer erfasst ist?"
Auch hier sind die Verkaufenden sehr einfallsreich, um Ausreden nicht verlegen und nicht selten werden diese Dokumente gefälscht.

Nimm kein noch so niedliches Tier sofort im Tausch gegen Bargeld mit! Es ist absolut nicht verwerflich, wenn du kritisch und intensiv nachfragst. Wenn dir etwas komisch vorkommt oder du dir sogar sicher bist, dass hier illegale Machenschaften auf Kosten der Tiere betrieben werden, solltest du die Polizei, das örtliche Veterinär-, Ordnungsamt oder das Tierheim über deinen Eindruck und deine gemachten Erfahrungen informieren.

Intensives, kritisches Nachfragen gibt Hinweise, und auch dem eigenen Bauchgefühl sollte vertraut werden, um Handel von Tierschutz zu unterscheiden.

Denn nur so kann weiterer unseriöser Hundehandel gestoppt werden.

WAS SIND DENN EIGENTLICH VERMEHRER:INNEN?

Vermehrer:innen züchten ohne Einhaltung ethischer Regeln. In Tierfabriken, die ihren Standort oft in Osteuropa haben, werden Hunde unter unvorstellbaren Zuständen wie Ware produziert. Das Wohlergehen der Muttertiere und auch Gesundheit und Charakter der Welpen interessiert sie nicht, was zählt ist der Profit – es ist ein knallhartes Geschäft, das Tiere nicht als Lebewesen, sondern als „Mittel zum Zweck" sieht. Mutterhündinnen fungieren für die Vermehrer als regelrechte „Gebärmaschinen" und produzieren einen Wurf nach dem anderen. Deckrüden bekommen Hormone gespritzt und werden mit Gewalt zum Deckakt gezwungen. Welpen und Elterntiere vegetieren in dreckigen Verschlägen oder engen Kisten vor sich hin, sind teilweise angekettet, oft ohne Tageslicht, ohne Außenreize und ohne soziale Ansprache. Tierärztliche Versorgung, Kontrollen von Welpen und Elterntieren fehlen gänzlich und oft werden die Welpen viel zu früh von der Mutter getrennt. Die Tiere sind nicht geimpft, oft krank und werden deswegen vor dem Verkauf mit Aufputschmitteln fit gespritzt. Nach dem Verkauf sind die vermeintlich Züchtenden nicht mehr zu sprechen.

Bei dem Geschäft mit dem Hund wird Verlust und Tod der „Ware" einkalkuliert – am Hund selbst sind die Vermehrer:innen nicht interessiert, geschweige denn an den Nöten und Fragen der neuen Besitzer:innen. Die folgenden Tierarztkosten muss der neue Hundehaltende selbst tragen – und auch die Verantwortung für den nicht selten eintretenden Tod des so kleinen Wesens. Ein Thema, auf das Tierschutzvereine, Tierrechtsorganisationen immer wieder mit großen Kampagnen aufmerksam machen und auf das auch wir hier noch einmal deutlich hinweisen wollen.

Unser Buchtipp: „Die Welpenmafia – Wenn Hunde nur noch Ware sind" von Gerda Melchior, Christopher Posch und Volker Schütz (erschienen im hansanord Verlag).

BARK DATE

— die bellende Verabredung

So viele Hunde suchen ein Zuhause, suchen ihre Menschen. Den Gang ins örtliche Tierheim scheuen die Meisten: „Ich kann da nicht hingehen, die Tiere tun mir immer so leid"; „Ich kann einfach keine Tiere hinter Gitter sehen, die gehen mir immer so nah"; „Da sind nur gefährliche bissige Hunde". Hast du sicherlich auch schon mal gehört, oder?

Um Hunde für potenzielle Interessent:innen sichtbarer zu machen, setzen viele Tierheime und Tierschutzvereine auf Social Media: Facebook, Instagram, TikTok – das Netz platzt aus allen Nähten mit Hunden, die adoptiert werden möchten. Kurze Clips, einige Bilder, kurze Beschreibungen. Diese Tiere können jedoch nur dann gesehen werden, wenn Interessent:innen auf der Internetseite des Vereins, des Tierheims landen und dann genau diesen Hund anklicken.

Aber hast Du denn schon mal etwas von *Bark Date* gehört? Der Name setzt sich aus den englischen Wörtern Bark, „Bellen" und Date, „Verabredung" zusammen, kurzum die „bellende Verabredung". Hier finden sich ausschließlich Hunde aus dem Tierschutz ein, Hunde aus den verschiedensten Tierschutzvereinen und Tierheimen. Hier finden keine Vermittlungen statt, sie dienen lediglich dem Kennenlernen. Für den sich anschließenden Vermittlungsprozess sind die jeweiligen Vereine dann selbst zuständig. Das *Bark-Date-Team* achtet darauf, dass nicht zu viele Hunde vor Ort sind (max. 30). Deswegen müssen sich die Tierschützer:innen mit ihrem Hund anmelden, so lässt sich auch deren Seriosität überprüfen.
Dr. Lisa Williamson ist Tierärztin und seit Jahren im Tierschutz aktiv. Sie hat *Bark Date* 2023 ins Leben gerufen. Mittlerweile ist der Zuspruch so

01

02

01 „Bitte lerne mich kennen, ich könnte dein Match sein!"

02 Bark-Date-Tag – heute dreht sich alles um Hunde, die ihre Menschen finden wollen.

03 Hier wird keiner übersehen, …

04 … denn das Bark-Date-Team achtet darauf, dass nicht zu viele Hunde vor Ort sind.

03

04

groß, dass sie deutschlandweit und sogar auch in Teilen Österreichs organisiert werden. Die Idee kam ihr, weil sie selbst Pflegestelle wurde, ihre Hündin in den Inseraten im Internet aber untergegangen und einfach immer übersehen wurde. So formte sich die Idee ein Treffen für Tierschutzhunde und interessierte Menschen zu veranstalten. Dr. Lisa Williamson sagt weiter über *Bark Date*: „Stell dir vor, du bist bei einem Speeddating – nur, dass hier keine Smalltalk-Marathons auf dich warten, sondern vierbeinige Persönlichkeiten, die ein neues Zuhause suchen. Beim *Bark Date* stehen nicht die äußeren Merkmale im Vordergrund, sondern die inneren Werte: der Charakter, die Energie und das Besondere, das jeden Hund einzigartig macht. All das, was sich eben nicht auf einem Foto visualisieren und ‚in ein kleines Textfenster' packen lässt. Die Hunde kommen aus dem Tierschutz, begleitet von engagierten Pflegestellen und Tierpflegenden von seriösen Tierschutzvereinen. Die Betreuenden kennen ihre Schützlinge bestens und können ihre Geschichten erzählen. Auf einer weitläufigen Parkfläche kann man die Hunde ohne Stress und ohne Verpflichtungen kennenlernen. Ob man nun einen gemeinsamen Spaziergang macht, einen Moment zusammen auf der Picknickdecke sitzt, oder nur einen neugierigen Blick aus sicherer Entfernung wagt: Hier entscheidet die Chemie! Beim Bark Date geht es um echtes Kennenlernen. Keine Käfige, kein Tierleid, sondern ein ehrliches ‚Das bin ich – passt du zu mir?' Und genau das macht den Unterschied. Die oft übersehenen Hunde, die nicht durch ihr Äußeres glänzen, haben hier die Chance, mit ihrem Charakter zu punkten – und das tun sie! Das Konzept zeigt, dass Tierschutz auch Freude machen kann. *Bark Date* bringt Menschen und Hunde zusammen, die wirklich zueinander passen, und macht die Adoption zu einem besonderen, schönen Erlebnis. Hier finden Hunde nicht nur ein Zuhause, sondern Menschen ihren neuen besten Freund fürs Leben."

Unser Fazit: Wir haben selbst schon mehrere *Bark Dates* besucht und finden, es ist eine weitere geniale Idee, um Tierschutzhunde sichtbarer zu machen. Sichtbar auch für Menschen, die noch keinerlei Berührungen mit Tierschutzhunden hatten.

WARUM AUSLANDS-TIERSCHUTZ?

Im Ausland zeichnet sich in Sachen Tierschutz immer deutlicher die gesellschaftliche Kluft zwischen Arm und Reich ab. In manchen Ländern stehen in unmittelbarer Nachbarschaft zueinander Prunkhäuser mit großzügigen, schön angelegten Gärten und nur ein paar Meter daneben baufällige, zum Teil zerfallene Häuser. Häuser, so würde man meinen, in denen niemand mehr wohnt. Doch tatsächlich leben hier noch Menschen mit ihren Tieren. Menschen, die ihre Tiere lieben, die zum eigenen Überleben kaum genug haben und doch oft ihr letztes Hemd für sie geben. In vielen Ländern ist die Lebenssituation der Hunde genauso grausam und brutal. Ein Leben an der Kette, in Verschlägen, völlige Vernachlässigung, Überlebenskämpfe der Straßenhunde ... die Liste könnte hier endlos weitergeführt werden.

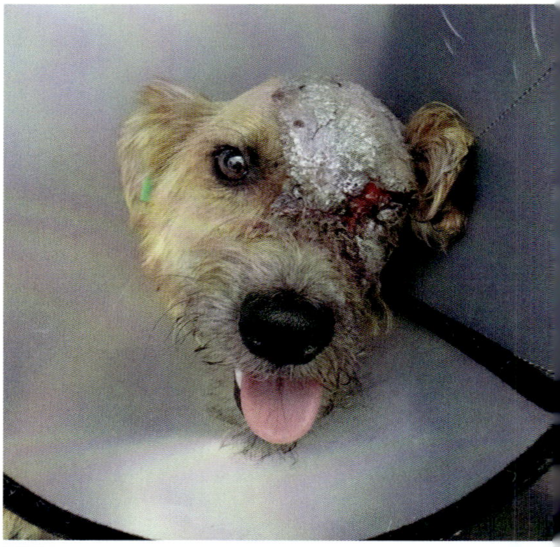

01

NICHT ALLE, ABER VIELE!

In jedem Land haben wir bei unseren Besuchen ausländischer Tierschutzprojekte Hunde gesehen, die perfekt in unsere deutschen Haushalte hätten adaptiert werden können. Nicht alle, wie wir in diesem Buch mehrmals betonen, aber eben doch viele Hunde, die unkompliziert sind und bei uns in vielen Tierheimen von „Hunde-Anfänger:innen" vergeblich gesucht werden. Wäre es da nicht wünschenswert, dass auch mehr deutsche Tierheime die Chance bekämen, mit seriös und nachhaltig arbeitenden ausländischen Tierschutzprojekten/-vereinen zusammenzuarbeiten, sich zu vernetzen? Damit hätten mehr Menschen die Möglichkeit, ihren „Einsteigerhund" gut beraten in unseren Tierhei-

02

men zu finden und zu adoptieren. Andernfalls werden diejenigen, die ein Tierheim als erste Kontaktstelle sehen, dort aber nicht fündig werden, teilweise in die Hände von unseriösen Züchter:innen, Onlineportalen oder verantwortungslosen Vermehrer:innen getrieben. Tierheime sollten, zusammen mit seriösen Tierschutzvereinen, die erste Anlaufstelle für Menschen sein, die einem Tierschutzhund ein Zuhause schenken möchten. Wir sind fest davon überzeugt, dass diese grenzübergreifende Zusammenarbeit/Kooperation der Tierschutzvereine den illegalen Welpenhandel langfristig schwächen könnte.
Der Auslandstierschutz hat in den letzten Jahren, sicher auch durch Social Media, seinen Platz in der Mitte der Gesellschaft gefunden. Vor 30 Jahren war der Hund aus dem Ausland noch ein regelrechter Exot auf der heimischen Hundewiese, heute dagegen gehört er zum gängigen Stadtbild. Die Hunde kommen aus Ost- und Südeuropa und werden über Tierschutzvereine nach Deutschland vermittelt.

Aber warum überhaupt Hunde aus dem Ausland adoptieren? Tierleid hört nicht an der Landesgrenze auf, deswegen engagieren wir uns bereits seit Jahrzehnten neben dem inländischen auch im Auslandstierschutz. Wir stehen mit ausländischen Tierschützer:innen in Kontakt, machen ihre Projekte zur Verbesserung der Situation vor Ort sichtbar und unterstützen bei den Vermittlungen. **Wir möchten an der Stelle unbedingt davon abraten, Hunde im Urlaub anzufüttern und einfach mitzunehmen – Hunde sind keine „Urlaubsmitbringsel".** Vieles muss durchdacht und organisiert werden, bevor ein Hund nach Deutschland kommt (siehe Seite 98). Auch ist klar: Wir können nicht alle Hunde dieser Welt retten – es wäre zu kurz gedacht. Denn Auslandstierschutz benötigt das nachhaltige, langfristige, grenzübergreifende Engagement vieler Menschen mit Herz und Verstand in einem menschlichen Austausch auf Augenhöhe, auch wenn es manchmal schwerfällt.

03

01 – 03
Skotty lebte von Welpenbeinen an als Kettenhund in Rumänien. Mit einer Schaufel versuchte sein Besitzer ihn zu erschlagen. Dank des Eingreifens einer Nachbarin wurde Skotty von der Tierhilfe Hoffnung e. V. übernommen, tierärztlich versorgt und konnte vermittelt werden.

DER EWIGE MYTHOS

„Hunde aus dem Ausland nehmen deutschen Hunden den Platz weg." Egal ob z. B. Spanien, Italien oder Osteuropa – viele deutsche Tierheime und deutsche Tierschutzvereine unterhalten heutzutage freundschaftliche Beziehungen zu ausländischen Tierschützenden, ähnlich einer Städtepartnerschaft. In deutschen Tierheimen sitzen zum größten Teil Hunde, die verhaltensauffällig sind. Hunde, die Ressourcen verteidigen, die unverträglich sind oder nicht allein bleiben können. Oft machen sie bis zu 80 % des Bestandes aus und sind nicht in kurzer Zeit zu vermitteln. Im Gegensatz dazu gibt es in ausländischen Tierheimen eine Fülle von Hunden, die unkompliziert und offen für ein neues Leben sind. Und sie entsprechen genau dem, was in Deutschland ein begehrter Familienhund ist: jung, klein- bis mittelgroß, freundlich und verträglich. Solche Hunde sind nur kurze Zeit in unseren Tierheimen, haben sehr schnell Interessenten und machen den Platz wieder frei. Im Hundebestand eines Tierheimes muss Bewegung sein, bliebe es mit schwierigen Hunden komplett besetzt, würde keine Vermittlung mehr stattfinden. Heike Bergmann vom Tierheim Bergheim berichtet: „Wir freuen uns die Möglichkeiten zu haben, Hunden eine Chance zu geben, die jahrelang in Sheltern (ausländischen Tierheimen) gesessen und fast aufgegeben haben. Alte Hunde oder scheue, kranke und unscheinbare – sie erweichen ganz besonders unsere Herzen und haben bisher immer ein feines Zuhause gefunden und sich gut in unser hiesiges Leben eingewöhnt. Gäbe es einen Menschen, der nach dem Besuch eines Auslandstierheims, nicht direkt den Wunsch verspürt zu helfen, wir wären fassungslos. Die Projekte, die unser Verein (Bund gegen Missbrauch der Tiere e. V.) betreut, sind im ungarischen Pecs und Kiskunhalas sowie im rumänischen Brasov und Stupin. Unterstützung und Maßnahmen vor Ort sind genauso wichtig wie die Übernahme von Hunden, um die Überfüllung der Tierheime dort zu vermindern."

Offene und freundliche Hunde im spanischen Tierschutz.

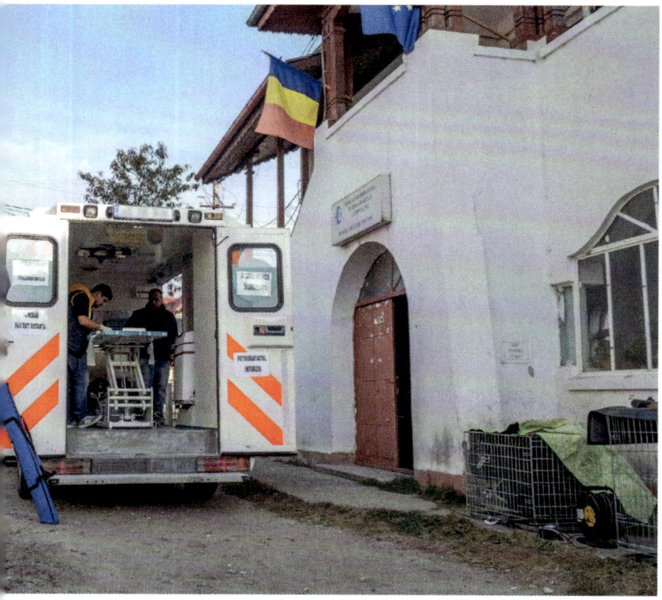

Kastrationsmobile fahren in die Dörfer und bieten der Bevölkerung kostenlose Kastrationen ihrer Hunde (und Katzen) an. Unzählige Würfe – neues Tierleid kann so verhindert werden.

Unser Fazit: Die Hunde aus dem Ausland machen die Tierheime attraktiv für Interessierte, darüber findet auch mancher schon

Die SMEURA – eines der größten Tierheime der Welt. Als Simone dort war, wurden diese Hunde aus einer Tötungsstation übernommen und bekamen die Chance ein schönes Zuhause über deutsche Partnertierheime zu finden.

länger sitzende, schwierige Vierbeiner seine passenden Menschen. Das eine schließt das andere also nicht aus, im Gegenteil. In Not geratene Hunde brauchen Hilfe, allein schaffen sie es nicht und dort, wo geholfen werden kann, wäre es unmenschlich, dies nicht zu tun.

NACHHALTIGER TIERSCHUTZ

Mittlerweile gibt es viele Tierschutzvereine, die versuchen Hunden aus den Tötungsstationen, Ländern mit hohem Tierleid zu helfen – und wenn der gerettete Hund in einem anderen Land perfekt in eine Familie passt, warum nicht? Aber klar sollte sein, es muss sich auch vor Ort, in den betroffenen Ländern etwas ändern. Genau hier greift der „nachhaltige Tierschutz“, den viele seriöse Vereine grenzübergreifend forcieren, um die Lebensbedingungen der Tiere vor Ort langfristig zu verbessern. Dem geht eine intensive Tierschutzarbeit voraus, die jedoch für viele Menschen oft unsichtbar ist. Matthias Schmidt, Leiter eines der weltweit größten Tierheime, der SMEURA in Rumänien, gibt ein Beispiel: „Wir arbeiten seit dem Jahr 2019 nach einer eigens auferlegten Nachhaltigkeitsregel „1 zu 3“. Diese bedeutet, dass für jedes Tier, das nach Deutschland reist, drei Tiere in Rumänien vor Ort kastriert werden, um so millionenfaches Tierleid zu verringern. In der praktischen Umsetzung wurde diese Regel von Jahr zu Jahr sogar weit übertroffen. So schafften wir es im Jahr 2024 sage und schreibe 34.650 Tiere zu kastrieren – unzählige Würfe konnten so verhindert werden.“ Eine Initiative die deutlich aufzeigt, wie wichtig es ist Politik und Gemeinden im jeweiligen Land zu involvieren, damit diese Erfolge nicht wie bisher allein durch die Arbeit und Finanzierung der Tierschützer:innen umgesetzt werden. Ein weiterer wichtiger Punkt auf der Agenda der sich im Ausland engagierenden Tierschützenden ist die Zusammenarbeit mit Kindergärten und Schulen. Aufklärung der nächsten Generation über eine artgerechte Haltung und Sensibilisierung für die Bedürfnisse von Tieren.

DAS EUROPÄISCHE TIERSCHUTZGESETZ

In der Europäischen Union gibt es kein einheitliches Tierschutzgesetz, das für alle Mitgliedstaaten verpflichtend ist. Es gibt zwar verschiedene Richtlinien und Verordnungen, die den Tierschutz in bestimmten Bereichen einheitlich regeln, jedoch haben alle einzelnen Mitgliedstaaten ihre eigenen nationalen Standards und Regelungen in Bezug auf die Tiere und den Tierschutz. Diese „rechtliche Freiheit" des nationalen Gesetzgebers erklärt die teilweise schlimmen Lebenssituationen vieler Hunde in anderen Ländern, die Legitimierung der Ketten- und Gehegehaltung zum Beispiel, und auch die Existenz von Tötungsstationen.

TÖTUNGSSTATIONEN: GESCHÄFT MIT DEM TOD

Einige Länder in Europa regulieren immer noch über Tötungsstationen die Hundepopulation, zum Beispiel Belgien, Frankreich, Irland, Polen, Rumänien, Spanien und Ungarn. In ihnen landen streunende, eingefangene Straßenhunde, genauso wie abgegebene ungewollte Familienhunde. Vom Welpen über den Rassehund bis hin zum älteren Hund: Rasse oder Alter schützt das Tier hier nicht vor einem Ende in einer Tötungsstation. Sie alle dürfen per Gesetz nach Ablauf einer von Land zu Land variierenden Frist getötet werden, um wieder Platz für neue Hunde zu schaffen.

Matthias Schmidt beschreibt die Lage der rumänischen Tötungsstationen wie folgt: „Per Gesetz müssen die Hunde dort 14 Tage verwahrt werden. Holt sie innerhalb dieser Frist niemand ab, werden sie getötet. Diese 14 Tage werden für die meisten Hunde zur

01

Hölle auf Erden. Auf allen Ebenen unterversorgt, vegetieren sie in ihren Exkrementen liegend dem Tod entgegen. Die Hunde sind, wenn überhaupt, nur notdürftig mit Futter und Wasser versorgt. Die Zustände sind weder hygienisch noch artgerecht. Es herrscht ein äußerst brutaler und roher Umgang mit den Hunden. Alle natürlichen Bedürfnisse werden missachtet. Machtdemonstrationen wie das Schlagen gegen die Gitter, Aufstampfen und Schreie treiben die Tiere massiv verängstigt und traumatisiert in die hinterste Ecke ihres Verschlages. Selbst der Akt des Tötens wird oft äußerst brutal, grausam – Hauptsache kostengünstig – durchgeführt. Viele dieser Hunde überleben die 14-tägige Frist gar nicht erst und verenden qualvoll in einem langen Todeskampf. Tage, an denen wir in Tötungsstationen gehen, halten uns immer wieder vor Augen, wie furchtbar diese Orte für jeden einzelnen dieser unschuldigen Geschöpfe sind. Auch die vielen tausend weiteren Hunde in den mehr als 100 Tötungsstationen im Land sind den Betreibern hoffnungslos ausgeliefert ohne eine Chance auf Hilfe."
So erschreckend dies alles schon ist, perfide ist auch die Finanzierung der Tötungsstationen. In Rumänien zum Beispiel sind sie zum Teil der städtischen Müllbeseitigung oder dem Straßenmanagement angeschlossen und werden darüber durch öffentliche und teils von der EU subventionierte Gelder

02

finanziert. Darunter fällt auch das sogenannte Stray-Dog-Management, welches das Fangen und ggf. Töten oder Unterbringen der Hunde in städtischen Einrichtungen, die meist von den privaten Firmen verwaltet werden, einschließt. Tötungsstationen sind ein Geschäft mit dem Tod. In anderen Ländern verhält es sich ähnlich, auch hier fließen Gelder für die Unterbringung der Tiere, die aber nur dann bei den Hunden ankommen, wenn die Stationen human geführt werden (was leider die Ausnahme ist).

01 Eine spanische „Rehala". In solchen Zwingeranlagen „halten" viele Jäger ihre Hunde.

02 Die Hunde fristen ein auswegloses Dasein unter schlimmsten Haltungsbedingungen. Sie sind Vergessene und Namenlose.

03 Als Jagd-, Gebrauchs- und Arbeitshunde fallen sie in Spanien nicht unter das Tierschutzgesetz. Sie gelten als reines Jagdwerkzeug.

04 Tiere brauchen unsere Stimme! Die „rechtliche Freiheit" des nationalen Gesetzgebers erklärt die schlimmen Lebenssituationen vieler Hunde in anderen Ländern.

03

04

Simones blinder Rüde Jacques: Es dauerte Jahre, bis er seine Vergangenheit loslassen und sich ganz entspannt geben konnte.

Ein gesellschaftliches Umdenken in Bezug auf einen wertschätzenden Umgang mit Tieren ist zwingend erforderlich und wie Tina Hartmann vom Windhund-Netzwerk e. V. es so treffend formuliert: „Hier besteht dringender Handlungsbedarf für ein europäisches Tierschutzgesetz, das im Interesse der Tiere und nicht auf Basis wirtschaftlicher oder angeblich kultureller Gepflogenheiten der Mitgliedsstaaten erlassen wird. Tierrechte sollten, vergleichbar den Menschenrechten, als ethischer Standard und als gesetzlich bindende Verordnung in der Europäischen Gemeinschaft verankert werden. Doch bisher hat das Europäische Parlament sich der Verantwortung entzogen und die Praxis der Tötung von Millionen Tieren als Sache der Länder von sich geschoben."
Weltweit fordern Tierschützer:innen: Kastrationsprogramme statt Tötungsstationen. Sie sind eine ethisch vertretbare, effizientere Alternative gegen das Massentöten und auch, damit neues Tierleid erst gar nicht entstehen kann.

Auch in „Bella Italia" ist es für „Bello" gar nicht „bella". Italien hat zwar keine Tötungsstationen, das macht die Situation der Hunde dort aber nicht besser. Simone erzählt von ihren Erlebnissen in Italien, dem „vergessenen Tierschutzland": „Eingefangene, abgegebene Hunde landen dort, wenn sie nicht von Tierschützer:innen aufgenommen werden, in regelrechten Hundelagern, den ‚Canilen'. Auf engstem Raum werden hier die Hunde massenweise zusammengesperrt und befinden sich im täglichen Überlebenskampf. Und auch hier entsteht Tierelend durch Profitgier, denn pro Hund gibt es pro Tag Geld von den Gemeinden. Ein lukratives Geschäft, wenn man bedenkt, dass teilweise weit über tausend Hunde in einzelnen Lagern sitzen. Die Ausgaben für Futter werden maximal gering gehalten und was medizinische Versorgung und Hygiene angeht: Fehlanzeige. An Vermittlungen, Unterstützung durch Tierschützer:innen ist den Betreibenden nicht wirklich gelegen, denn sie würden mit jedem ‚freigegebenen Hund' eine tägliche Einnahmequelle verlieren. Für die Hunde in Italien ist es ein Sterben auf Raten.
Mein Rüde Jacques kam damals aus Italien. Als blinder, unkastrierter Rüde wurde er dort einfach in einen Zwinger mit zahlreichen anderen Hunden gesperrt. Eine Zeit, die ihn geprägt hatte. Zerbissen, unruhig, immer in Hab-Acht-Stellung fiel es ihm lange schwer, die Nähe anderer Hunde auszuhalten."

TIERSCHUTZ IN KRIEGS- UND KRISENGEBIETEN

Der Einsatz für Tiere in Kriegs- und Krisengebieten unterscheidet sich sehr vom normalen Tierschutz. Babette Terveer vom Verein Notpfote Animal Rescue e. V. berichtet: „Wir sind genau in diesen Gebieten unterwegs und hier geht es vorrangig um Erste-Hilfe-Maßnahmen und deren Organisation. Hier haben wir es häufig mit verletzten Tieren zu tun und wir müssen schauen, wo die Tiere untergebracht, wo sie tiermedizinisch versorgt und auch gepflegt werden können.

Wir errichten zum Beispiel SOS-Stationen, um Hunde und auch Katzen notfalltechnisch zu stabilisieren. Dann erst können wir sie in die Kliniken transportieren, die oft hunderte Kilometer entfernt sind. In Kriegs- und Krisengebieten arbeitet man unter extremen Stressbedingungen und mit wenigen logistischen und infrastrukturellen Möglichkeiten. Es gibt weder Hilfsmittel wie Transportboxen noch das Notwendigste wie Medikamente oder Futter zu kaufen. Wer sich hier engagiert stößt unweigerlich an seine Grenzen. Denn die harte körperliche Arbeit in Hitze oder Kälte, Schmutz, bei zu wenig Schlaf und Essen, die geringe Planbarkeit und die permanente Gefahr, sind eine seelische Belastung, die man sich vorab bewusst machen sollte. Das ist sicher ein großer Unterschied zum gängigen Auslandstierschutz." Die Organisation rund um die Vermittlungen läuft jedoch seinen normalen Weg. Damit die Vermittlungen seriös ablaufen, sollten auch Vereine, die sich in Kriegs- und Krisengebieten engagieren, mit Pflegestellen arbeiten oder an ein eigenes Tierheim angeschlossen sein (Seite 102).

01

02

01 – 02
Tierschutz im Kriegsgebiet, Babette Terveer sagt: „Hier geht es vorrangig um Erste-Hilfe-Maßnahmen."

TRACES – DAS REISE-DOKUMENT

Die Verbringung, so nennt man im Amtsdeutsch die Einfuhr von Tieren, also auch von Hunden, ist mit dem Flugzeug oder mit dem Auto möglich. Ursula erinnert sich: „Früher haben wir hauptsächlich mit Flugpaten gearbeitet. Sie sind während Abreise und Ankunft verantwortlich für das reisende Tier, das entweder in einer Transportbox im Frachtraum des Flugzeugs oder bei kleineren Tieren im Passagierraum mitreisen kann. Mittlerweile reisen unsere Hunde hauptsächlich mit speziell auf Autotransporte ausgerichteten Organisationen. Hier kann jederzeit nach ihnen geschaut und auf ihre Belange eingegangen werden, anders als im Frachtraum eines Flugzeuges.“ Auch die Einreisebestimmungen haben sich im Lauf der Zeit geändert. Mittlerweile müssen alle in die EU importierten Tiere per Traces (Trade Control and Expert System) eingeführt werden, denn nur dann reisen sie vorschriftsgemäß. Es wird dabei sichergestellt, dass alle Gesundheits- und Sicherheitsstandards eingehalten werden, um die Ausbreitung von Krankheiten zu verhindern. Die Mittelmeerkrankheiten fallen nicht darunter. Verantwortlich arbeitende Tierschutzvereine erstellen jedoch zu jedem Hund kurz vor seiner Ausreise ein Mittelmeerprofil (siehe Seite 54).

Reise ins neue Leben.

Damit Hunde im Flugzeug reisen können, brauchen sie Flugpaten. Kleine Hunde unter einem Gewicht von 6 kg dürfen als „Handgepäck“ im Passagierraum mitfliegen.

Für die Tierschützenden bedeutet die Ausstellung der Traces-Papiere mehr Aufwand, denn jeder Hund muss 2 bis 5 Tage vor seiner Ausreise vom dort zuständigen Amtsveterinär gründlich untersucht werden. Zudem wird geprüft, ob auch wirklich der richtige Hund ausreist, ob er gesundheitlich stabil genug für eine Ausreise ist und ob er alle vorgeschriebenen Impfungen erhalten hat (siehe Seite 22). Zusätzlich zu den gesundheitlichen Angaben, wird die Art des Transports, die Dauer, der Ankunftsort, die Ankunftszeit und auch die Kontaktdaten der End- oder Pflegestelle eingetragen und an die Veterinärämter des Bestimmungsortes übermittelt. Darüber lässt sich die Reise lückenlos vorzeichnen und auch nachverfolgen. Beim Traces-System müssen Daten offengelegt und Vorschriften eingehalten werden. Auf diese Weise wird zusätzlich die illegale Einfuhr von Hunden und damit der unseriöse Hundehandel erschwert.

☞ TRANSPORTANKUNFT

01 Check der Reisedokumente.

02 Immer wieder aufregend und so schön: die Ankunft der neuen Pflegehunde.

03 Die Ankunft ist der Start in die Zukunft als geliebter Familienhund.

04 Manche Hunde, so z. B. Galga Valerie, sind anfangs skeptisch, sie kennen die Fürsorge des Menschen einfach nicht.

DIE REISEKRANKHEITEN

Ein besonderer Aspekt des Auslandstierschutzes sind die über Parasiten, wie Zecken oder Mücken, übertragenen Infektionskrankheiten, die sogenannten Reisekrankheiten. Im Sprachgebrauch sind sie eher als **„Mittelmeerkrankheiten"** bekannt. Die Hunde aus Osteuropa können jedoch genauso befallen sein.

ÜBERTRAGUNG UND TEST

Die Reisekrankheiten werden über einen Zwischenwirt, wie Zecke oder Mücke, übertragen. Es besteht also keine Gefahr der direkten Ansteckung und rechtzeitig erkannt, lassen sich die betroffenen Hunde gut behandeln. Die Infektionen lassen sich übers Blut durch einen Test auf Reisekrankheiten mit einer Titer-Bestimmung nachweisen. Der Titer zeigt über den Nachweis der Antikörper zunächst die Immunität des Körpers. Überschreitet er jedoch das vorgegebene Maß, dann ist der Befund pathologisch. Bei den Filarien wird in Antigentests der tatsächliche Befall gemessen (ELISA, Knottest). Die Hunde können sich in den Gehegen jederzeit infizieren, deswegen sollte die Blutabnahme erst kurz **vor Ausreise** durchgeführt werden.

Getestet wird (je nach Region) auf:

- Babesiose
- Leishmaniose
- Ehrlichiose
- Anaplasmose
- Hepatozoonose
- Filarien

BABESIOSE

Babesiose wird durch die Zecke (*Dermacentor reticularis*) übertragen. Sie ist mittlerweile in allen europäischen Ländern, ob Mittelmeerraum oder Osteuropa, zu finden und inzwischen auch in ganz Deutschland. Tierarzt Dr. Florian Wuchert schreibt: „Wir sehen allein in unserer Praxis jährlich 5 bis 10 Hunde, die sich in Deutschland mit Babesiose infiziert haben."
Babesien befallen und zerstören die roten Blutkörperchen. Man spricht auch von der Hundemalaria (Gelbsucht). Bei Befall mehrerer parasitärer Krankheiten sollte die Babesiose zuerst therapiert werden, denn ein rechtzeitig behandelter Hund hat sehr gute Chancen auf Heilung. Eine verschleppte Behandlung dagegen, führt zum Tod des Tieres. Außerdem kann ein Babesiosebefall den Titer der anderen Mittelmeerkrankheiten erhöhen.
Symptome: Übelkeit, Schwäche, hohes Fieber, brauner Urin, gelbe Schleimhäute und Augen – schlechte Leberwerte

LEISHMANIOSE

Vorweg: Ein Hund mit einem Leishmaniose-Titer gefährdet nicht sein Umfeld und Leishmaniose ist auch keine Tierseuche.
Leider gibt es immer noch Tierärzt:innen, die aus Unkenntnis Ängste schüren. Es ist in Deutschland genau festgelegt, welche Krankheiten zu den Seuchen zählen, die Leishmaniose gehört nicht dazu!
Leishmaniose ist eine Infektion, die von parasitären Einzellern, den Leishmanien ausgelöst wird. Übertragen werden sie durch den Stich der Sand- oder Schmetterlingsmücke (Gattung *Phlebotomus*). Die nachtaktive Mückenart siedelt sich in feuchtwarmen Gebieten an. Kälte verträgt sie nicht. Sie nimmt infiziertes Blut auf und ist sieben bis neun Tage nach dem Blutsaugakt infektiös. Beim dann folgenden Stich gibt sie die Leishmanien zunächst unter die Haut des Hundes. Von dort wandern die Einzeller über das Blut in die Organe wie Milz, Leber, Niere und auch ins Knochenmark. Die Inkubationszeit beträgt fünf Wochen bis sieben Jahre. Wir empfehlen daher mindestens **einmal jährlich** eine abklärende Blutuntersuchung, denn unbehandelt sterben die Tiere an den Folgeerkrankungen der geschädigten

Simones spanische Galgo-Hündin Vivi war Leishmaniose positiv. Trotz dieser Reisekrankheit wurde sie 16 Jahre alt und verstarb an Altersschwäche. Leishmaniose ist nicht zwangsläufig ein Todesurteil.

Organe. Eine Heilung ist nicht möglich, aber richtig therapiert können die Hunde ein hohes Alter erreichen.

Symptome: Die Symptome sind so vielschichtig, dass sie nicht komplett aufgeführt werden können. Das Ausmaß reicht von allgemeiner Trägheit, geschwollenen Lymphen, Appetit- und Gewichtsverlust, unstillbarem Durchfall, Nasenbluten, Hautrötungen bis hin zu eitrigen Geschwüren, die nur schwer oder gar nicht heilen.

Hautveränderungen an den Ohrrändern, Nasenspiegel und Brillenbildung an den Augen, schuppige Hautveränderungen können auch andere Ursachen haben und lassen nicht ohne weitere Untersuchungen eindeutig auf eine Leishmaniose-Infektion schließen. Aufschluss gibt ein Bluttest zusammen mit einem großen allgemeinen Blutbild und einer Eiweiß-Elektrophoresekurve. Zusätzlich sollte der Urin auf die Funktionstüchtigkeit der Niere kontrolliert werden.

Therapie*: Vor der Leishmaniose-Therapie muss der Hund entwurmt werden und sollte filarienfrei sein. Auch alle anderen parasitären Krankheiten wie Ehrlichiose, Babesiose, Borreliose, Anaplasmose sollten ausgeschlossen beziehungsweise behandelt worden sein. Auch die Ernährung kann angepasst werden, eine purinarme Kost zum Beispiel, entlastet die eventuell schon geschädigte Niere. Cortison oder cortisolhaltige Salben sind ebenso wie andere immunsuppressive Medikamente kontraindiziert.

Gut zu wissen: Die Kosten für eine Behandlung können nicht unerheblich ausfallen. Die regelmäßigen Bluttests und auch die Medikamente gehen ins Geld.

---

* Es gibt in Deutschland Sichtungen von Sandmücken (Quelle Laboklin: entlang des Rheingrabens in Baden-Württemberg und im Süden von Rheinland-Pfalz) – diese haben in unseren Klimazonen bei positiven Bedingungen eine Lebenserwartung von 15 Tagen (nach Dr. Naucke, Seminar vom 4. April 2009). Mehr Infos auch unter www.laboklin.de

EHRLICHIOSE/ANAPLASMOSE

Die **Ehrlichiose** wird durch Zecken übertragen und ist in ganz Europa verbreitet: besonders häufig im Süden und in östlichen Ländern. Es handelt sich dabei um eine Art Bakterien, die die weißen Blutkörperchen befallen und so das Immunsystem aushebeln. Eine unbehandelte Ehrlichiose kann infolge zunehmender, ggf. über Jahre andauernder, schleichender Blutungsneigung zum Tod des Tieres führen.

Die **Anaplasmose** verhält sich ähnlich der Ehrlichiose und wird durch den Biss der auch bei uns beheimateten Zeckenart, dem Holzbock, übertragen. Einen Monat nach der Infektion können im Blut Antikörper nachgewiesen werden und in der Regel treten auch erst zu diesem Zeitpunkt Symptome auf. Bei rechtzeitigem Erkennen und Behandlung ist die Prognose auf Heilung günstig.

01 – 02
Simones Galgo-Rüde Theo ist Ehrlichiose positiv. Als er aus Spanien ankam, war er in einem sehr schlechten Zustand (01). Mittlerweile hat er sich gut erholt. Regelmäßige Tierarztbesuche sind Pflicht und geben Sicherheit (02).

01

02

Symptome: Apathie, hohes Fieber, Schwäche, Übelkeit, Erbrechen und Gewichtsverlust. Atemnot, Ödeme in den Gliedmaßen, Lymphknotenschwellungen bis hin zu Bewegungsunlust und Lahmheiten aufgrund von Gelenkentzündungen (Polyarthritis) und Gelenkschwellungen. Milz- und Leber sind vergrößert und auch das zentrale Nervensystem kann betroffen sein (Krämpfe, Gleichgewichtsstörungen, Lähmungen). Das Blutbild ist anämisch und zeigt ein Absinken von Thrombozyten, Leukozyten und Erythrozyten.
Gut zu wissen: Infizierte Tiere haben eine hohe Blutungsneigung und Gerinnungsstörungen. Das sollte vor einer OP überprüft werden.

HEPATOZOONOSE

Die Hepatozoonose wird in erster Linie durch die braune Hundezecke, aber auch die Igelzecke und den Holzbock übertragen, allerdings nicht durch den Stich, sondern durch das Zerbeißen und Verschlucken der gesamten infizierten Zecke. Die braune Hundezecke ist in warmen Ländern, vor allem Südeuropa, Südamerika, Afrika und Asien beheimatet.

Symptome:
akute Infektion: Fieber, Lethargie, Schläfrigkeit, Teilnahmslosigkeit, Anämie, Nasen- und Augenausfluss, Diarrhoe, krankhafte Lymphknotenschwellung, Probleme mit Gewichtszunahme, staksiges Gangbild.
chronischer Verlauf: Anämie, Thrombozytopenie, verminderte Anzahl an Blutplättchen, Myositis (Entzündung der Skelettmuskulatur), Muskelabbau, Abmagerung, Leber- und/oder Nierenversagen, Versteifung der Rumpf- und Nackenmuskulatur, Lahmheit.

FILARIEN

Filarien (*Herzwurm Dirofilaria immitis*) können als Mikro- und Makrofilarien vorliegen. Die Mikrofilarien sind die Larven der adulten Makrofilarien, die ihrerseits bis zu 30 cm lang werden können. Filarien sind vor allem in Nordamerika sowie den Mittelmeerländern verbreitet, werden durch circa 60 verschiedene Mückenarten verbreitet und kommen zunehmend auch in Deutschland vor. Nachgewiesen werden die Filarien über einen Antigentest, denn die weiblichen Makrofilarien geben in den Blutkreislauf Herzwurmproteine (die sogenannten Antigene).
Gut zu wissen: Ein positiv getesteter Hund ist durch die Gabe von ‚Advocat Spot on', aber auch durch ‚Ivomectin' nicht mehr ansteckend.
Symptome: Trockener Husten, Gewichtsverlust, Schwäche, Atemnot (Herz- oder Organfilarie) oder Hauterhebungen und Ekzeme (Hautfilarie). Eine genaue Differenzierung der Filarienart ist nur durch PCR-Test möglich.

PROPHYLAXE

Um das eigene Tier zu schützen, sollte generell, aber auch bei Reisen in Länder mit den bekannten Mittelmeerkrankheiten, unbedingt auf den passenden, wirksamen Schutz gegen Stechmücken und alle Zeckenarten geachtet werden. Manche Prophylaxe-Mittel brauchen einen zeitlichen Vorlauf, um zu wirken, deswegen gilt es, sich rechtzeitig zu informieren. Die Präparate sollten eine repellierende Wirkung haben, damit die Zecke auch abgewehrt wird, bevor es zum Saugakt und der damit verbundenen Erregerübertragung kommt. Darüber hinaus sollten sie auch Komponenten enthalten, die die Parasiten abtöten.

Unser Tipp: Zusätzlich, gerade in der Risikozeit von März bis Oktober (in milden Wintern ist eine Infektion auch von November bis Februar möglich), den Hund nach jedem Walk nach Zecken absuchen. Gefundene einsammeln und eliminieren. **Bitte schütze dein Tier** (siehe Seite 214)!

DER HUND

HUNDE MIT VORGESCHICHTE ALS FAMILIENHUND

Hunde leben zwar im „Jetzt", tragen aber alle ihr Päckchen aus der Vergangenheit. Die meisten dieser Vorbelastungen lassen sich gut ausgleichen, andere wiegen schwerer. Manche Hunde haben völlig unspektakuläre Vorgeschichten, werden abgegeben aus Alters- oder Trennungsgründen. Ursula erinnert sich an die Hunde der an Krebs erkrankten Sonja: „Sonja habe ich über Social Media kennen- und schätzen gelernt. Als sie verstarb nahm ich alle vier Hunde auf und suchte jeweils passende Familien. Alle vier waren und sind bis heute treue und alltagstaugliche Begleiter und machen die Menschen, die mich damals, ohne zu zögern unterstützt haben, bis heute glücklich."
Andere Hunde kommen aus Krisen- oder Kriegsgebieten, sind halb verhungert und waren bisher immer auf sich selbst gestellt. Diese Hunde sind oft erstmal skeptisch und nicht gleich dankbar Hilfe zu bekommen. In der aktiven Tierschutzarbeit lernt man schnell: nichts muss, alles kann – Geduld und Zeit sind dabei elementar. Ursula erinnert sich weiter: „Mir sind Hunde begegnet, die ihre ersten Lebensmonate in einer Kiste, zu engen Gehegen oder an der Kette verbracht haben. Eine eingewachsene Kette sieht übel aus, lässt sich aber operativ entfernen und kann dann heilen. Wachstumsschäden aufgrund mangelnder Bewegung beziehungsweise fehlender Bewegungsfreiheit sind leider irreversibel und trotzdem können auch diese Handicap-Hunde ihre Menschen lange Jahre glücklich machen."
So bringt jeder Tierschutzhund seine ureigene Lebensgeschichte mit – auch der Welpe.

Faraón – 4 Jahre im überfüllten Tierheim führten zu mangelnder Prägung auf den Menschen und auf Umweltreize.

Ein seriöser Tierschutzverein setzt Interessent:innen nicht unter Druck, sondern steht vor und nach der Vermittlung beratend zur Seite. Hund ist Hund und so braucht auch der Tierschutzhund Erziehung und Fürsorge. Auch wenn die Aufnahme eines Hundes, der nie etwas besaß oder alles verloren hat, mitleiderregend ist, sollte der Familienalltag nach der Adoption normal weiterlaufen. Die gleichmäßigen Tagesabläufe bieten Routinen und geben den Hunden den nötigen Halt. Die Anforderungen, die an die neuen Halter:innen gestellt werden, sind je nach Vorgeschichte unterschiedlich hoch. Über ausreichende Aufklärung und Hilfe bei der Wahl des neuen Familienmitgliedes, wird sich jedoch für alle Interessent:innen auch der passende Hund finden, und das muss nicht immer ein Welpe sein.

Im Zusammenleben sind Kompromisse erforderlich, um auch solche Hunde in die familiären Abläufe zu integrieren.

»Jedes Leben hat seine ureigene Geschichte. Manche Hunde lassen uns an ihrer Vergangenheit teilhaben, andere bleiben verschlossen.«

LEBENSPHASEN EINES HUNDES

Genau wie wir Menschen durchleben auch unsere Hunde verschiedene Lebensphasen – nur leben sie kürzer als wir, entsprechend kürzer sind die Lebensabschnitte. Gute Pflege, Ernährung, regelmäßige Tierarztbesuche und eine zum Hund passende angemessene Bewegung sind entscheidend, um die Gesundheit und das Wohlbefinden während jeder Lebensphase zu gewährleisten. Im Tierschutz finden sich Hunde jeden Alters. Junghunde stellen dabei andere Ansprüche an den Haltenden als die Senioren. Es sollte sich also, bevor man ein Tier aufnimmt, auch mit dem Alter des Hundes beschäftigt werden und man sollte wissen, was es mit sich bringt.

Kora verlor im Leben auf der Straße ihr Auge. Das körperliche Defizit ist sichtbar, ihre seelischen Belastungen lassen sich nur ahnen.

Welpen im Tierschutz müssen Menschen, andere Hunde und auch andere Tiere kennenlernen und möglichst viele Alltagserfahrungen machen dürfen.

DER WELPE

Hundebabys werden mit geschlossenen Augen und Ohren geboren und erleben ihr Umfeld in den ersten zwei Wochen nur über den Tast- und Geruchssinn. Haben sich die Ohren geöffnet ahmen die Kleinen die Töne der Mutter nach. Sie üben sich im Knurren, Winseln und natürlich auch im Bellen. Sobald sich ihre Sinne entwickelt haben, machen sie die ersten tollpatschigen Schritte. Jetzt sollte das Hundekind die Welt erkunden, Umwelteindrücke sammeln und Erfahrungen machen dürfen. Die kleinen Welpen beginnen jetzt auch den Menschen und ihr Umfeld immer bewusster wahrzunehmen. Bleibt das aus, fehlen dem Hund später Informationen fürs Leben und emotionale Probleme und Verhaltensauffälligkeiten können die Folge sein. Ursula hat über ihre Pflegestellenarbeit die unterschiedlichsten Hundekinder kennengelernt. Sie erzählt: „Die meisten waren fröhlich, offen und unkompliziert, Welpen und Junghunde lernen schnell, aber fehlende Prägungsbausteine sind nicht zu unterschätzen. Die daraus resultierenden Defizite lassen sich nicht wegtrainieren, diese Hunde brauchen Akzeptanz und Kompromisslösungen und werden vielleicht nie die Vorstellung vom klassischen Haustier erfüllen."

Welpen im Tierschutz sollten daher nicht einfach in Gehegen „verwahrt" werden, sondern müssen Menschen, andere Hunde und auch andere Tiere kennenlernen und möglichst viele Alltagserfahrungen machen dürfen. Züchter:innen geben die Welpen zum Teil schon nach der Entwöhnung mit 8 bis 9 Wochen ab. Dabei lernen sie eigentlich gerade jetzt im Zusammenleben mit ihren Geschwistern und Hundefreunden grundlegende Verhaltensmuster sozialer Interaktionen kennen – sie lernen, was es bedeutet Hund zu sein und dazu gehört auch der sozial angemessene Einsatz des Fanges. Ein Hund aus dem EU-Ausland darf erst ab der 15. Woche einreisen, denn erst dann sind alle notwendigen Impfungen erfolgt (siehe Seite 22). Deswegen beobachten wir hier häufig sozial kompetentere Tiere.

EINBLICK IN DEN PFLEGESTELLENALLTAG VON JUNGHUND JACK

JACK IN THE BOX

Wie schnell aus Hundebabys pubertierende Hundekinder werden, zeigt die Geschichte von Jack. Ursula erzählt aus ihrem Pflegestellenalltag: „Vor dem Tor der Auffangstation in Villamartin wurde ein kleiner Mischlingswelpe in einem geschlossenen Pappkarton ausgesetzt. Nichts Ungewöhnliches für die Tierschützenden vor Ort. Sie nahmen den Kleinen auf und nannten ihn ‚Jack in the Box'. Um den Kleinen sozial stabil zu halten, bekam er von den Helfenden die für Welpen so wichtige menschliche und auch hündische Nähe. Jack überstand die schwierige Anfangszeit in der Station. Er bekam die notwendigen Impfungen und fand, nach Ablauf der einzuhaltenden Fristen, einen Pflegestellenplatz bei mir. Was für ein zuckersüßes kleines Hundebaby, ich war sofort verzaubert. Der Alltag läuft auch mit Hundebaby weiter und so packte ich den kleinen Jack für die Walks mit der Gruppe in die Hundebabytragetasche. Er liebte es getragen und gekuschelt zu werden und machte dabei herrlich süße „Hundebaby-Schnurrlaute". Aber bereits nach der ersten Woche war er aus seiner Tasche rausgewachsen und wurde zu schwer zum Tragen. Wenn ich ihn jetzt in der Interaktion mit den anderen Hunden beobachtete, gab er sich nicht mehr wie anfangs als Baby, sondern präsentierte sich uns nun als großer Junge. Zeigte den anderen Gruppenmitgliedern stolz seine Beute, rannte mit ihnen um die Wette und schnitt ihnen dabei „professionell" den Weg ab. Der kleine Kerl wollte nicht übersehen werden und sich im Gruppengeschehen unbedingt durchsetzungsstark positionieren."

Jacks Geschichte zeigt, wie schnell aus einem Welpen eine Hundepersönlichkeit wird. Hierauf sollten wir uns einstellen und nicht den heranreifenden, zwar nach wie vor zuckersüßen Hosenmatz, als „Baby" titulieren. Kein großer Junge und kein großes Mädchen möchte das – und Hundekinder fühlen da nicht anders.

01

02

01 Der kleine Jack wurde in einer Box ausgesetzt vor dem Tor der Station gefunden.

02 Er bekommt bei Ursula einen Pflegestellenplatz.

DER JUNGHUND

Hilde: in Spanien mit kupierten Ohren ausgesetzt.

Das Junghund- beziehungsweise Adoleszenzalter geht etwa bis zum 1. oder 2. Lebensjahr (je nach Rasse/Größe). Während dieser Phase wachsen die Kleinen schnell und entwickeln ihre körperliche und geistige Reife. Verspielt und scheinbar völlig unbedarft, schulen sie sich in Dominanz und Unterwerfung, Raum nehmen und geben, um sich innerhalb der sozialen Ordnung zu positionieren. Ganz klar, spätestens ab dem 8. Monat lässt die Pubertät grüßen – in dieser Phase Pflegehunde aufzunehmen, verlangt einem Einiges ab, denn die Junghunde strotzen vor Energie und Lebenslust.
Ursula erzählt: „Egal ob es sich um Galgo Español Theo, die kleine Rumänin Zelda oder Malinois-Mix-Hündin Bente handelt: In diesem Alter sind Hunde lebenshungrig, lernwillig und unglaublich witzig. Aber Hundekinder unterliegen genau wie Menschenkinder auch immer wieder Angst- beziehungsweise Fremdelphasen. Meine Hilde zum Beispiel hatte auf einmal Scheu vor entgegenkommenden Menschen. Ich musste sie eine ganze Zeit lang an die Leine nehmen, wenn uns Passanten entgegenkamen."
Junghunde brauchen klare Nähe und Zuspruch, ohne dass bereits etablierte Regeln aufgeweicht werden. Sie überprüfen täglich unsere Führungsqualitäten und fragen Regeln ab: „Gilt das noch, was du gestern gesagt hast?" Hier ist eine genaue Vorstellung vom Zusammenleben mit dem Hund und dementsprechend Konsequenz gefragt. Wir Hundeeltern vermitteln über eine soziale Erziehung unsere Werte. Der Fokus sollte dabei auf der Alltagstauglichkeit liegen. Soziales Lernen beginnt nicht auf dem Hundeplatz, sondern im häuslichen Umfeld. Hier entwickeln Hunde soziale Kompetenzen wie Kommunikations-, Kooperationsfähigkeit und Konfliktbewältigung (siehe Seite 172).

Hilde heute im Alter von 3 Jahren.

DER ERWACHSENE HUND

Erwachsen ist der Hund, auch hier wieder je nach Rasse und Größe, mit circa drei Jahren. Jetzt hat er seine volle körperliche und geistige Reife erreicht. Er hat seine Persönlichkeit entwickelt, sein Energielevel und seine Bedürfnisse werden zunehmend stabiler. Er benötigt regelmäßige, aber nicht übermäßige Bewegung und nach wie vor ausreichend Ruhephasen.
Ein Beispiel aus Ursulas Pflegestellenalltag, sich für einen erwachsenen Hund zu entscheiden ist die Geschichte von Becky: „Mein Bruder suchte einen Familienhund. Er hatte genaue Vorstellungen: der Hund solle zuverlässig lieb mit den noch kleinen Kindern interagieren, sich von ihnen führen lassen und auch fremde Menschen akzeptieren. Er solle auch mit ins Büro gehen, dort niemanden verbellen und auch die anderen (Büro-)Hunde nicht in Frage stellen. Mein Bruder war der Meinung, dass dies nur ein Welpe vom Züchter, der in die Situation hineinwächst, erfüllen könne. Sicher, der Gedanke ist naheliegend – aber das wäre mit viel Erziehungsarbeit verbunden gewesen, die er als arbeitender Familienvater gar nicht hätte leisten können.

Mit ca. 3 Jahren hat ein Hund (je nach Rasse oder Größe) seine volle körperliche und geistige Reife erreicht.

Welpen sind niedlich, brauchen aber eine intensive Betreuung.

Ein schon älterer Hund hat seine Persönlichkeit entwickelt, sein Energielevel und seine Bedürfnisse werden zunehmend stabiler.

Ich machte ihn auf meinen Schützling Border-Collie-Mix Becky, 3 Jahre, aufmerksam. Becky kam zwar aus einer spanischen Tötungsstation, aber Hunde aus dem Tierschutz sind nicht zwingend traumatisiert (siehe Seite 60). Ihre Vorgeschichte war unbekannt, aber Becky zeigte uns, dass sie das Zusammenleben mit dem Menschen kannte. Vielleicht war nicht alles positiv, was ihr in der Vergangenheit widerfahren ist, aber sie ist daran gewachsen und eine fröhliche offene Hündin geblieben. Eine klare Einschätzung der Pflegestelle ist entscheidend für eine stimmige Vermittlung und Becky, sanft, genügsam und charakterfest, war genau der passende Hund für diese Familie. Als dann mein Bruder die hübsche Hündin kennenlernte, war er ihrem Charme gleich erlegen und seitdem bereichert sie seinen Familien- und Büroalltag – und zwar vom ersten Tag an, so als wäre sie schon immer dort gewesen."

DER SENIOR

Das Seniorenalter lässt sich nicht in Zahlen fassen. Der eine Hund altert schleichend langsam, der andere baut schnell ab. Die älteren Herrschaften sind oft von sich aus ruhiger, schlafen mehr und haben möglicherweise erste altersbedingte gesundheitliche Probleme. Es ist wichtig, sich an ihre Aktivitätsniveaus anzupassen und für regelmäßige tierärztliche Untersuchungen zu sorgen. Eventuell kann man ihnen mit physiotherapeutischen Maßnahmen, zum Beispiel dem Aquatraining, das Leben ein wenig leichter machen (Seite 208). Die Älteren scheinen anspruchsloser – unserer Erfahrung nach brauchen sie aber, je älter sie werden, besonders viel menschliche Nähe. Sie sehen und hören schlechter und wollen sich von ihrem Menschen gut behütet wissen (siehe auch Sich nah sein, Seite 190). Der erzieherische Anspruch ist deutlich geringer und sie sind

in allen möglichen Situationen sehr viel gelassener und ruhiger.
Die Dauer und die spezifischen Merkmale jeder Lebensphase können natürlich individuell variieren. Kleine Hunde werden oft schneller erwachsen als größere Rassen. Ursula erinnert sich an Chihuahua-Mix Alfi: „Er begleitete mich schon von klein auf, war sehr früh pubertär und obwohl von kleiner Gestalt immer sehr präsent. Er war bis ins hohe Alter agil und rannte auch mit 14 Jahren noch wie ein junger Hüpfer durch die Gegend."
Schwerere und große Rassen brauchen länger, um erwachsen zu werden und zählen leider oft auch schon früher zu den Senioren. „Mein 50 Kilo schwerer Herdenschutzhund-Mix Faraón zum Beispiel, ging bereits mit 8 Jahren „in Rente" und begleitet mich seitdem nicht mehr mit auf den großen Touren. Er läuft nur noch kleine Runden in sehr gemäßigtem Tempo mit viel Zeit zum Schnüffeln."

01 Entschleunigen: Senioren sind langsamer unterwegs.

02 Faraón genießt seine gemütlichen Runden.

01

02

WIE GEFÄHRLICH IST DER MENSCH FÜR DEN HUND?

RASSEN IM TIERSCHUTZ

Immer wieder wird die Frage gestellt: „Welche Rasse ist das?“ folglich ist die Zuordnung zu einer Hunderasse auch bei Tierschutzhunden üblich. Jede Rasse bringt leider auch gesundheitliche Defizite mit sich, so haben zum Beispiel Schäferhunde oft Hüftprobleme und Dackel neigen vermehrt zu Bandscheibenvorfällen. Traurige Spitzenreiter sind die oft bereits krank geborenen Hunde der Qualzuchten, wie zum Beispiel die Französische Bulldogge, der Shar Pei oder auch der Ridgeback. Jede Rasse bringt zusätzlich speziell gezüchtet Veranlagungen mit sich. Darüber erhältst du Hin-

Vom Weimaraner bis zum Dackel: Im Tierschutz finden sich auch immer Rassehunde.

WAS IST EINE QUALZUCHT?

Bei der Qualzucht stellt der Mensch seine Vorlieben in den Vordergrund und züchtet Tiere bis sie seinen Vorstellungen entsprechen. Dabei wird außer Acht gelassen, dass gesundheitliche Defizite mitgezüchtet werden. Der Bundesverband für Tiergesundheit e. V. informiert: „Die Definition und das Verbot von Qualzuchten sind im deutschen Tierschutzgesetz geregelt. Verboten ist danach die Zucht von Tieren, wenn zu erwarten ist, dass bei den Nachkommen aufgrund der erblich bedingten Merkmale Schmerzen, Leiden oder Schäden auftreten. Die Vorgaben werden jedoch nur unzureichend umgesetzt. Einige Rassen sind pauschal als Qualzuchten eingestuft, bei anderen fallen nur Tiere mit besonders ausgeprägten Merkmalen unter diese Definition."

Beispiele von Qualzuchten:

- Mops; Französische Bulldogge, Englische Bulldogge
- Chihuahua; Teacup-Hunde
- Cocker
- Deutscher Schäferhund
- Dackel
- Rhodesian Ridgeback
- Basset Hound
- Shar Pei
- Hunde mit Merle-Faktor
- Blaue und silberne Hunde wie „Silver Labs"

weise, ob der von dir ausgesuchte Hund eher jagdlich oder eher territorial aufgestellt ist. Chihuahuas zum Beispiel, sind trotz kleiner Statur sehr wachsame bell- und beißfreudige Hunde. Doggen brauchen allerdings allein aufgrund ihrer Größe jemanden, der ihrer Stärke gewachsen ist. Der Labrador verzeiht Erziehungsfehler – aber Achtung noch lange nicht jeder schwarze Hund im Tierschutz ist wirklich ein Labrador. Manche Hunderassen blicken auf eine traditionsreiche Entwicklung zurück und haben so für ihre Region (Land) eine spezifische kulturelle Bedeutung, zum Beispiel der spanische Galgo Español, der türkische Kangal oder der japanische Akita Inu.

Eine weitere häufig gestellte Frage ist: „Kann ich dem Hund die mit ihm verbundenen unangenehmen Eigenschaften nicht einfach abtrainieren?" Unsere Antwort ist eindeutig: „NEIN!". Ursula gibt dazu folgendes Beispiel: „Der Herdenschutzhund eignet sich in der Regel nicht wirklich fürs Büro, dafür aber fürs Bewachen der Schafherde. Der Windhund ist ein guter Bürobegleiter, aber nicht geeignet für die Arbeit mit Schafen." Du solltest also den ausgesuchten Hund mit all seinen rassetypischen Eigenschaften akzeptieren und dabei akribisch darauf achten, was du an Verhalten zulässt – denn alles, was du freisetzt, solltest du auch kontrollieren können. Wir möchten Hunde nicht in Schubladen stecken, sondern appellieren, sie immer auch als Individuen zu betrachten. Aber es reicht einfach nicht aus, beispielsweise einen Malinois, Weimaraner oder einen Dobermann hübsch zu finden, er muss auch zur Lebenssituation und zur eigenen Mentalität passen – denn genau ihre genetisch fixierten Eigenschaften sind der Grund, warum diese Hunde ihr Zuhause verlieren. Wir stellen euch neben den Listenhunden (Seite 35) auf den folgenden Seiten weitere Rassen und auch ihre Aufgabengebiete vor. Wir haben diese stellvertretend für viele andere „herausgepickt", weil mit ihnen besonderes Leid verbunden ist.

Lewin und Fiete – zwei ehemalige Labor Beagles.

DER LABOR-BEAGLE

Wie keine andere Hunderasse, werden Beagle bis heute in spezialisierten Einrichtungen gezüchtet und für Forschungszwecke eingesetzt, zum Beispiel in der Toxikologie, bei pharmazeutischen und wissenschaftlichen Experimenten und auch bei Studien zur Verhaltensforschung. Je nach vorgesehenem Einsatz, werden sie in mehreren Größenvarianten gezüchtet. So gibt es kleine Exemplare mit circa 8 Kilogramm, mittlere mit circa 12 Kilogramm und auch großrahmige Labor-Beagle, die um die 18 Kilogramm auf die Waage bringen.

Einige haben Glück und werden von Organisationen, die sich auf die Rettung und Rehabilitation der Beagle spezialisiert haben, aufgenommen und vermittelt. Elke Reißmann ist in der Laborbeaglehilfe e.V. aktiv und berichtet: „Die Beagle werden in den Instituten gewöhnlich in Gruppen gehalten, sind also das Miteinander mit Artgenossen gewohnt. Als spätere Familienhunde präsentieren sie sich Katzen und auch anderen Kleintieren gegenüber meist als freundlich und verträglich. Den Hunden wird in den Instituten oft beigebracht auf den Behandlungstisch zu springen und dort ruhig zu liegen. Wir beobachten bei vielen vermittelten Beaglen, dass sie sich das zur Angewohnheit gemacht haben und vorzugsweise auf Küchen-, Sofa- und Gartentischen liegen und auch einem Nickerchen auf dem Schreibtisch gegenüber sehr aufgeschlossen sind."

Der Alltag eines Labor-Beagles ist vom tristen Leben im Institut bestimmt, Umweltreize sind ihnen daher weitgehend fremd. Deshalb müssen sie behutsam an die neue Situation und das Leben als Familienhund herangeführt werden. Elke berichtet aus ihrem Alltag: „Wir haben manchmal auch sehr alte Beagle dabei, die nur das Leben im Labor kennen. Aber diese Hunde sind bis ins hohe Alter wesensstark und anpassungsfähig und bisher haben alle, die ich aufgenommen habe, über wiederkehrende

Abläufe und feste Strukturen, schnell an Vertrauen und Sicherheit gewonnen. Eine ruhige Umgebung und insbesondere ein vorhandener, souveräner Hund sind dabei von Vorteil. Wenn der ‚Labori' dann zum ersten Mal fröhlich durch den Garten springt oder einem Spielzeug nachhüpft, ist das ein Moment, der immer wieder ans Herz geht."

BORDER COLLIES – HUNDE ZWISCHEN GENIE UND WAHNSINN

Border Collies gelten als eine der intelligentesten Hunderassen der Welt. Doch immer häufiger sitzen sie auffällig geworden in Tierheimen, oft ohne Chance auf eine Vermittlung.

Ursprünglich wurde der Border Collie in den hügeligen Landschaften Großbritanniens gezüchtet und für die Arbeit an Schafherden optimiert. Er ist in der Lage, komplexe Aufgaben zu verstehen, diese anschließend eigenständig und präzise fokussiert auszuführen. Sein unermüdlicher Drang zu arbeiten, machte ihn weltweit zum unverzichtbaren Arbeitshund. Ihr beeindruckender Arbeitseifer, ihre Energie und ihr scharfer Verstand machen sie zu einzigartigen Begleitern – aber eben nur für die Menschen, die ihren Bedürfnissen gerecht werden können. Denn Achtung: je begabter der Hund, desto größer die Herausforderung für den Menschen.

Der intelligente Border überdriftet schnell und neigt zu Hyperaktivität und Nervosität. Verhaltensprobleme wie Zerstörungswut, fehlgeleitetes Beuteverhalten und übermäßiges Bellen sind nicht selten. Er braucht ein ausgeglichenes Maß an körperlicher und mentaler Auslastung, gepaart mit ausreichend Ruhe (siehe Seite 182). Er kann bei Dogdance, Agility & Co glücklich werden, beweist aber auch Empathie und Sensibilität beim Einsatz in der tiergestützten Intervention (TGI). Diana berichtet: „meine Käthe, ist eine Border-Collie-Hündin aus einer Perrera in Villamartin. Sie konnte ihrem Schicksal entkommen und begleitet mich heute im Rahmen ihrer Ausbildung in der TGI regelmäßig in die Klinik. Käthe kennt die Diagnosen der Patienten nicht und doch spürt sie, wer ihre Nähe am meisten braucht. Sie sucht sich gezielt jene Patienten aus, die mit großen seelischen Belastungen kämpfen, und bleibt während der gesamten Zeit an ihrer Seite. Am Ende jeder Intervention wirken diese Patienten ruhiger, gestärkter und berührend glücklich."

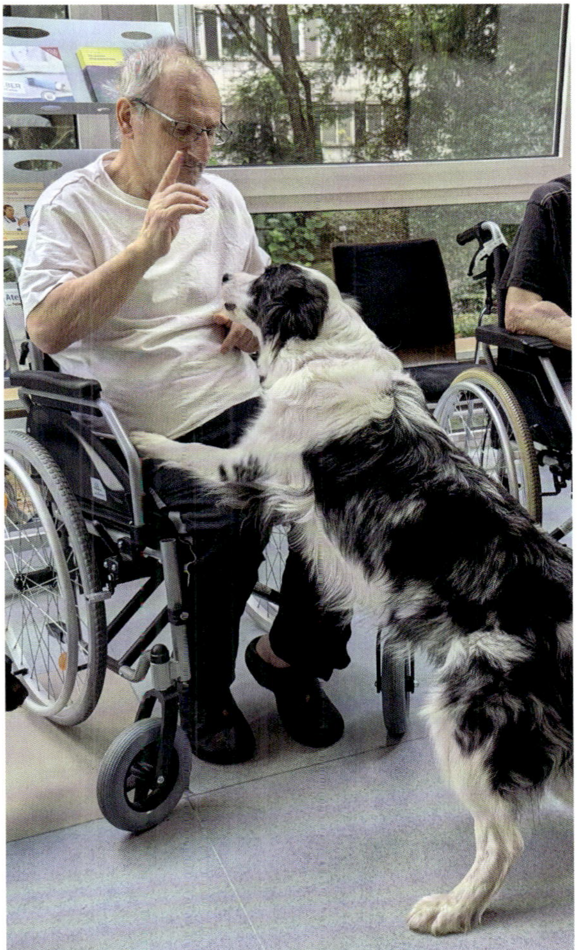

Border Collie Käthe beim Einsatz in der tiergestützten Intervention (TGI).

01

02

DOBERMANN KOBE – AUFNAHME EINES TODKRANKEN HUNDES

Der Dobermann ist eine gezielt herausgezüchtete Hunderasse für den Schutz- und Wachdienst. Zu seinen Kompetenzen zählt Wehrhaftigkeit, Kraft, und Schnelligkeit, verpackt in einem eleganten athletischen Körper. Oft informieren sich die Hundehaltenden nicht umfassend vor dem Kauf und entscheiden sich für den Dobermann aufgrund seines Aussehens. Fatal, denn mit der Erziehung und den Bedürfnissen der Rasse sind sie anschließend schnell überfordert. So finden immer mehr Dobermänner, insbesondere die pubertierenden und erwachsenen Rüden, ihren Weg ins Tierheim. Durch Fehler und Ignoranz in der Zucht sind beim Dobermann erblich bedingte Krankheiten weit verbreitet, so zum Beispiel eine Veranlagung zum Wobbler-Syndrom, eine Schädigung des Rückenmarks in der Halswirbelsäule. Häufiger als jede andere Hunderasse erkrankt er vor allem an der nach ihm benannten Dobermann-Kardiomyopathie (DCM = Dilatative Cardiomyopathie). Es handelt sich dabei um eine genetisch bedingte Erkrankung des Herzmuskels; das Herz pumpt zu schwach und erweitert sich. Im späteren Verlauf treten Herzrhythmusstörungen auf, die zum plötzlichen Herztod führen können.

Tanja erzählt: „Vor über zweieinhalb Jahren habe ich mich entschieden, einem schwerkranken Hund aus einer Beschlagnahmung ein Zuhause zu geben. Das Ziel stand von Anfang an fest: Ich wollte ihm seine verbleibende Zeit so schön und vor allem so schmerzfrei wie möglich gestalten – eine Aufgabe, die ich mit all meiner Liebe und Hingabe angenommen habe. Aufgrund seiner Erkrankungen musste ich mir ein umfassendes medizinisches Wissen aneignen, um die besten Entscheidungen für ihn treffen zu können. Natürlich blieben die finanziellen Belastungen nicht aus. In den wenigen Jahren beliefen sich die Kosten auf mehr

01 Fehler und Ignoranz in der Zucht führen beim Dobermann zu mehreren genetisch bedingten Erkrankungen. Die häufigste: DCM.

02 Der im Ausland kupierte Dobermann wurde schwerkrank bei einer Beschlagnahmung in Deutschland gesichert. Entschlossen nahm Tanja ihn auf.*
**In Deutschland ist das Kupieren von Rute und Ohren verboten.*

03 Tierschutz ist mehr als einen Hund aus einer Notsituation zu retten. Es ist ein Versprechen über die Zeit für ihn da zu sein.

als 25.000 Euro. Mein ganzer Alltag war rund um Kobes Bedürfnisse herum gebaut, das heißt die emotionale Achterbahnfahrt aufgrund der gesundheitlichen Höhen und Tiefen kamen noch obendrauf. Trotz der aufwendigen Betreuung und der belastenden Verantwortung, überwog die Freude und die Liebe, die Kobe in mein Leben brachte. Kobe lehrte mich, im Hier und Jetzt zu leben und die gemeinsamen kostbaren Momente intensiv zu genießen. Sein besonderer Charme und sein unerschütterliches Vertrauen in mich waren unvergleichlich und motivierten mich, unermüdlich für ihn zu kämpfen. Vor sechs Monaten wagte ich einen weiteren kranken Hund aufzunehmen. Eine Zeit lang war ungewiss, ob er überleben würde, wieder haben wir den schlechten Prognosen getrotzt und erfolgreich gekämpft. Es ist ein unbeschreibliches Gefühl, einem Hund, der keine Überlebenschance gehabt hätte, Lebensqualität und viel mehr Zeit für gemeinsame Erlebnisse zu schenken als eigentlich gedacht."

03

01

02

DIE TRAGIK DES GALGO ESPAÑOL

Nicht nur der Stierkampf ist in Spanien leider „Kult", auch der spanische Windhund, der Galgo Español, blickt auf eine traditionsträchtige Geschichte zurück. Anfangs wurden die Sicht-und Hetzjäger noch als Helferhunde zur Jagd eingesetzt, doch schon bald entwickelten sich daraus profitable Wettbewerbe, die bis heute als spanisches Kulturgut gelten. Bei den „carreras de galgos en campo" werden Beherztheit, Ausdauer und Jagdtechnik während der Geländeläufe verglichen und bewertet. Jeder Galguero, Galgo Español Besitzer, will seinen Hund für das Finale des spanischen Coursing Championats qualifizieren, um sich dort mit den besten Hunden Spaniens messen zu können. Die Wertschätzung des Galgo Español ist bis heute abhängig von der Leistung, die das Tier entweder bei der reinen Jagd oder beim Sport bringt. Gewinnen kann aber immer nur einer und deswegen müssen am Ende der Jagdsaison unzählige Galgos ihr Leben lassen. Traditionell sterben sie durch Erhängen in Bäumen, aber mittlerweile werden die meisten einfach ausgehungert, ausgesetzt oder in eine der zahlreichen Tötungsstationen (Perreras) abgeschoben. Das Durchschnittsalter der ausgemusterten Hunde liegt zwischen zwei und fünf Jahren, denn

03

04

jedes Jahr kommen unverbrauchte Hunde aus dem hauseigenen Zwinger für die jeweils kommende Saison nach. War ein Tier erfolgreich, findet es häufig noch Verwendung in der Zucht. Ist es noch sporttauglich, wird es mit Hunden von Freunden, Sport- oder Geschäftspartnern getauscht. Ab einem Alter von sechs Jahren, ist meist kein Hund mehr bei seinem ursprünglichen Besitzer. Dabei sind die eleganten Galgos, sanfte, freundliche und ruhige Begleit- und Familienhunde. So loyal wie sie sich gegenüber ihren Bezugspersonen zeigen, so schüchtern oder reserviert können sie zu Fremden sein. Galgos brauchen, genau wie alle Hunde, regelmäßig, aber nicht übermäßig Bewegung. Es sind Sicht- und Hetzjäger und da ein hundertprozentiger Gehorsam von ihnen nicht zu erwarten ist, müssen sie in wildreichen Gebieten angeleint geführt werden. Sie brauchen den Freilauf jedoch so nötig wie der Fisch das Wasser und sollten deswegen in sicheren, eingezäunten Bereichen regelmäßig freilaufen dürfen. Insgesamt sind es eher bescheidene und entspannte Vertreter. Sie lassen sich gut führen, brauchen keine weitere Auslastung und können sich auch dem Leben in der Stadt gut anpassen.
Ursula erzählt: „Ich habe schon wirklich viele Galgos bei mir in den Alltag integrieren können und anfangs waren meine Kinder noch klein. So erinnere ich mich noch gut an Galga Careta, die frisch aus Spanien hier pünktlich zum Kindergeburtstag ankam. Sie mischte sich ohne jede Vorbehalte unter die Kinder, ließ sich geduldig streicheln und hatte auch mit dem musikalischen Lärm des Karaoke-Programms keine Probleme. Oder Galga Madonna, eine scheue fast elfenartige Hündin, die bei den Kindern jedoch ganz zutraulich und gleichzeitig sehr zart im Kontakt war. Mit der kleinen Galga Conchi haben wir einen Ausflug zur Schule gemacht und den Kindern viel über Hunde und auch zur Geschichte des Galgo Español erklärt. Auch unvergessen meine Zara, sie kam schon als ältere Dame zu uns und schloss gleich tiefe Freundschaft mit meiner Tochter. Das war sehr berührend. Windhunde sind keine Rennmaschinen, sondern fühlende Lebewesen mit Herz und Seele. Sie sind treu und lieben ihre Familie."

01 Simone besucht Tierschützerin Loli Cantero in Spanien.

02 Ende der Jagdsaison: die Abgaberate der Galgos steigt dann regelmäßig an, so auch in San Anton, Villamartin.

03 Galgos sind Sichtjäger und Sprinter.

04 – 05 Sie brauchen den freien Lauf, um glücklich zu sein.

05

Ein Herdenschutzhund lässt sich nicht in ein städtisches Umfeld pressen. Er braucht die Natur und ausreichend Raum über den er wachen darf.

DER HERDENSCHUTZHUND – STARKER SCHUTZ, SENSIBLER KERN

Herdenschutzhunde haben ihren Ursprung im Mittelmeerraum, Zentralasien und Osteuropa. Sie werden bis heute gezüchtet, um die Viehherden vor Wölfen und Bären zu schützen. Es gibt je nach Region verschiedene Rassen, so unterscheidet man zum Beispiel den Kangal, den Pyrenäen-Berghund, Owtscharka, Mastin del Pirineo oder den Kuvasz. Da sie meist auf sich allein gestellt sind, können sie eigenständige Entscheidungen treffen und sich selbstständig organisieren. Lutz Kaczmarsch, der Tierheimleiter des Tierheim Duisburgs, erzählt die Geschichte eines befreundeten türkischen Handwerkers, dessen Onkel in der Türkei 3.500 Schafe besitzt: „17 Kangals bewachen diese große Herde. Auf die Frage wie er denn die ganzen Schafe am Abend zählen könne, antwortete er, dass er nur die Hunde zähle. Seien alle anwesend, dann sei auch alles in Ordnung. Aber eines Abends fehlte wohl einer der Hunde – als dieser schließlich gefunden wurde, bewachte er tatsächlich ein verletztes Schaf."

Herdenschutzhunde brauchen Platz und die Natur. Die für die Arbeit gezüchteten Hunde wollen ihrer Bestimmung, dem Wachen und Schützen nachgehen, dabei haben sie ihren eigenen Kopf und werden keinen klassischen Gehorsam an den Tag legen. Stattdessen hinterfragen sie deine Anweisungen und treffen, wenn du schwächelst, eigene Entscheidungen. Bei unklarer Aufgabenzuweisung kann das nicht nur in der Enge der Stadt sehr unschön werden. Lutz erklärt: „Was die Optik angeht, haben Herdenschutzhund-Welpen einen enormen Niedlichkeitsfaktor. Sie werden unüberlegt adoptiert, überfordert wieder abgegeben und sitzen dann hier im Tierheim. Hier gehen sie leider unter, denn es ist schwer Menschen zu finden, die sich auf diese imposanten Tiere einlassen möchten und können. In unserem Tierheim, sitzt ein Kangal schon seit über zwei Jahren. Er kam als halbjähriger Junghund zu uns und alle Versuche, diesen netten Hund zu vermitteln sind bislang aus den unterschiedlichsten Gründen gescheitert."

Bekommt ein Herdenschutzhund die nötige Zeit, sich einzugewöhnen, kann er in einem ländlichen Umfeld bei konsequenter Sozialisierung und Erziehung ein wunderbarer, kompatibler und treuer Familienhund sein. Aber alle Interessierten sollten sich die Frage stellen: Bin ich wirklich in der Lage, diesen hochspezialisierten Tieren eine artgerechte Haltungsform zu bieten?

Mit dem entsprechenden Umfeld ist auch der Herdenschützer ein glücklicher Familienhund.

Der eigenständige und willensstarke Husky liebt ausdauernde Aktivitäten in der Natur.

DER SIBERIAN HUSKY WEISS, WAS ER WILL

Huskys dienten ursprünglich den Einwohnern Sibiriens als Zugtiere für Schlitten, um Waren über Strecken von teilweise bis zu 1.500 Kilometern zu tauschen. Die nordischen Hunde zeichnen Eigenschaften wie Ausdauer, Zähigkeit und Eigenständigkeit aus und auch eisige Kälte kann ihnen nichts anhaben. Ihre Muskulatur ist nicht auf Spitzenleistung, sondern auf Dauerbelastung ausgelegt. Ihre Fellstruktur aus Deckhaaren und Unterwolle schützt die Haut gegen Wasser, Schnee und eisige Kälte. Die Pfoten sind klein und die Ohren haben sogar innen Pelz, sodass kaum Körperwärme verloren geht. Im Schlaf legen die Hunde ihre plüschige Rute über die Nase, um auch sie vor den frostigen Temperaturen zu schützen. Diese Hunderasse ist perfekt angepasst an die ausdauernde Arbeit in extrem kalten und eisigen Regionen – nur wird das leider gern vergessen. Lutz verzeichnet im Tierheim Duisburg neben den Herdenschutzhunden, auch eine hohe Abgabe von Huskys. Er berichtet: „Die Huskys, gezüchtet oder aus dem Ausland importiert, sitzen hier im Tierheim und warten auf ihre Menschen. Wer sich auf diese Hunde einlassen möchte, sollte sich das gründlich überlegen. Sie haben einen starken eigenen Willen und im Zusammenleben ist man häufig gezwungen umzudenken und Kompromisse einzugehen. Ich selbst habe gern Huskys an meiner Seite und empfinde sie als angenehme, sehr soziale und aufgeschlossene Begleiter. Es sind Hunde für ausgiebige Wanderungen in der Natur, aber du solltest akzeptieren, dass ihr Jagdtrieb, gepaart mit ihrer Eigenständigkeit ein Ableinen nur sehr eingeschränkt möglich macht. Diese Hunde sind keine Rasse für Anfänger und auch wenn du bereits Erfahrung mit Hunden anderer Rassen gesammelt hast, wird dich ein Husky vor neue, wie ich aber finde auch spannende Herausforderungen stellen."

Im Winter fühlen sich die Hunde so richtig wohl. Bei warmen Temperaturen haben Huskys jedoch erhebliche Schwierigkeiten, eine Überhitzung ist zum Beispiel ein mögliches gesundheitliches Risiko. Sie haben viel Fell, brauchen Pflege und werfen entsprechend viele Haare ab und – Hand aufs Herz – kannst du einem Husky wirklich gerecht werden (siehe Seite 203)?

MODEHUND MAGYAR VIZSLA

Der Magyar Vizsla ist eine ungarische Jagdhunderasse und erfreut sich auch hier in Deutschland immer größerer Beliebtheit. Die kurzhaarigen Hunde machen keinen Dreck, riechen auch nur wenig nach Hund und lassen sich, obwohl sie Jagdhunde sind, sehr fein erziehen. Um die hohe Nachfrage zu bedienen, wird zum Nachteil der Rasse auf Menge gezüchtet. Das Ergebnis sind vermehrt nervöse und wesensschwache Hunde mit angeborenen Defiziten, wie zum Beispiel Epilepsie und Allergien. Folglich finden sich auf Onlineplattformen und Social Media zahlreiche Anzeigen von Vizsla und Vizsla-Mischlingen, die aufgrund von Verhaltensauffälligkeiten abgegeben werden.
In Ungarn, dem Ursprungsland des Magyar Vizsla, wird genauso zahlreich gezüchtet – unter anderem um den deutschen Markt zu bedienen. Das macht in Ungarn unweigerlich Tierschutz erforderlich und wie in Deutschland haben auch die ungarischen Tierschützenden mit Abgabe-, Fundhunden und Beschlagnahmungen zu tun (siehe Seite 28). In Ungarn stellt die Tierschutzsituation die Helfenden jeden Tag vor neue Herausforderungen, denn die Haltungsbedingungen, Futter und medizinische Versorgung sind schlecht und die finanziellen Mittel

Die Pflegestelle hat sich auf Jagdhunde spezialisiert. Bei der Pflegestellenarbeit wird die ganze Familie mit eingebunden.

sind knapp. Deswegen bleiben manches Mal Defizite einzelner Hunde unentdeckt. Sabrina, Pflegestelle für ungarische Vizsla erzählt von Tutu, der als Welpe einreiste und mittlerweile 10 Monate alt ist: „Bei seiner Ankunft war ich erstaunt, wie klein er war und auch sein deformierter Kopf fiel mir gleich auf. Ein paar Tage später kam aus Augen, Ohren und Nase Eiter. Die Tierärztin stellte fest, dass ein Abszess auf den Schädel drücke und Knochen und Atemwege dadurch deformiert würden. Seitdem lasse ich regelmäßige Abstriche machen, um die multiresistenten Keime in Schach zu halten. Nun tauchen im Wachstum weitere Probleme auf. Der sowieso schon kleinwüchsige Tutu, lahmt immer stärker und an manchen Tagen kann er sich kaum noch bewegen. Tutu ist ein junger und lebensfroher Hund, ihm nicht zu helfen oder ihn einzuschläfern, ist für mich keine Option. Ich lasse Tutu mit Unterstützung meines Vereins engmaschig medizinisch betreuen, um sein Leben auch weiterhin lebenswert zu halten." Tutus Schicksal steht dafür, dass in Ungarn und auch in Deutschland noch viel Aufklärung nötig ist. Viele Hunde werden gezüchtet, um auf dem deutschen Markt verkauft zu werden – doch wenn sie nicht abgesetzt werden können oder krank sind, landen sie oft in schlechtem Zustand in Tierheimen. Sabrina appelliert: „Bitte überprüft gut, woher der Hund kommt, den ihr vom „Züchter" erwerbt – denn jeder gekaufte Hund aus dubiosen Quellen fördert das System von Angebot und Nachfrage auf Kosten der Hunde (siehe Seite 38)." Die unreflektierte Popularität der Rasse und mangelnde Informationen tragen zu dieser Situation bei. Dank des Engagements verschiedener Organisationen, die sich Hand in Hand landesübergreifend einsetzen, die Ärmel hochkrempeln und aktiv helfen, gibt es jedoch immer wieder Hoffnung, auch für Hundekinder wie Magyar Vizsla Tutu.

In Ungarn werden Hunde gezüchtet, um auf dem deutschen Markt verkauft zu werden. Viele von ihnen landen oft in schlechtem Zustand in Tierheimen, so auch Tutu (rechts).

»Hundeliebe bedeutet, Verständnis für das natürliche Verhalten des Hundes zu zeigen und ein Umfeld zu schaffen, das ihn „Hund" sein lässt.«

01

DER MALINOIS – EIN NERVENSCHWACHER SPEZIALIST

Der Malinois ist ein ausgesprochen robuster und ehrgeiziger Arbeitshund und als solcher vielfältig einsetzbar, zum Beispiel als Diensthund im Rettungswesen, beim Zoll oder bei der Polizei. Der Standard fordert ein lebhaftes Temperament mit gefestigtem Charakter, einen Hund, der weder Angst noch Aggressivität kennt. Doch die Zucht hält nicht, was sie verspricht, und so trifft man viel zu häufig Spezialisten, die mit enormem Jagd- und Wachtrieb, aber auch mit einem absolut schwachen Nervenkostüm ausgestattet sind.
Es sind Hunde, die von ihrem Menschen einiges abverlangen, keine Schwächen und auch keine Erziehungsfehler verzeihen. Im Übersprung wählen sie bei Furcht oder Begrenzung eher den offensiven Angriff als den deeskalierenden Rückzug. In den richtigen Händen sind es einfach geniale Hunde – in den falschen jedoch, gefährden sie sich selbst und vor allem ihr Umfeld. Da hilft dann auch ein Maulkorb nicht wirklich weiter. Ursula erzählt die Geschichte von Malinois-Mädchen Hedda: „An einem Sonntagabend bekam ich einen Anruf einer völlig verzweifelten Familie, deren vier Monate junge Malinois-Hündin den Sohn gebissen hatte. Sie wollten den Hund ins Tierheim bringen und hatten große Angst vor ihr.
Für die so menschenbezogenen Hunde ist die Abgabe im Tierheim meist der Anfang vom Ende – sie brauchen eine feste Bezugsperson, einen Menschen, auf den sie sich in jeder Situation verlassen können. Glücklicherweise war mein Pflegeplatz frei und so konnte ich Hedda aufnehmen. Auch bei der Aufnahme von Pflegehunden sollte man reflektiert prüfen, ob man die Hilfe auch wirklich leisten kann. Hedda war zum Zeitpunkt der Abgabe noch ein Hundekind. Aber dennoch ein waschechter Malinois und ihrem Stammbaum zufolge, kam sie aus einer ‚hochbegabten' Leistungszucht. Einem älteren Hund mit ähnlicher Genetik und Beißvorfällen hätte ich den freien Platz nicht anbieten können. Die ersten zwei Wochen brauchte Hedda eine engmaschige Betreuung, denn sie hatte sich bereits viele Unarten angewöhnt: Kommentieren sämtlicher Geräusche und Verbellen von Besuch, Futter- und Beuteaggression, Selbstverlet-

02

01 *Mensch und Hund bei der Arbeit. Der ehrgeizige Malinois kommt z. B. als Diensthund im Rettungswesen, beim Zoll oder bei der Polizei zum Einsatz.*

02 *Es sind Hunde, die keine Schwächen und auch keine Erziehungsfehler verzeihen.*

zung, schreiend Bewegungsreizen nachjagen und in all ihrem Fehlverhalten war sie zudem nicht kritikfähig. Die Aufnahme und Eingliederung in die Hundegruppe boten Hedda die Chance, neu zu beginnen. Unsere festen Abläufe, die Interaktionen innerhalb der Gruppe, die Wiedereingliederung ins Familienleben bei zunehmender Akzeptanz unserer Regeln, brachte sie in die soziale Selbstverständlichkeit zurück. Sie lernte sich zurückzunehmen, nicht dran zu sein, sie lernte zu teilen und zu spielen. Sie kam immer mehr zur Ruhe, fasste wieder Vertrauen und verbesserte auch Fremden gegenüber stetig ihr Verhalten. Das Ende meiner Geschichte mit Hedda ist ihr Neuanfang. Sie fand eine Familie, die perfekt zu ihr passte. Dort blüht sie weiter auf, darf sie selbst sein und hat nun Menschen um sich, die mit ihr umgehen können. Sie hat ein Zuhause gefunden, in dem sie geliebt und verstanden wird. Dank der rechtzeitigen Intervention und Hilfestellung muss sich heute niemand mehr vor Hedda fürchten."

Die Gruppe und klare Regeln bringen Hedda mit Ursulas Hilfe zurück ins soziale Miteinander.

Der Ratonero Bodeguero Andaluz ist ein toller Familienhund und für jeden Spaß zu haben.

RATONERO BODEGUERO ANDALUZ – DER RATTENFÄNGER

Der Ratonero Bodeguero Andaluz ist ein mittelgroßer Terrier, ein kompakter Hund, dabei schlank und elegant. Er ist bewegungsfreudig, für jeden Spaß zu haben und einfach glücklich, seinen Menschen überall hinbegleiten zu dürfen – auch gern ins Büro. Er faulenzt unter dem Schreibtisch und gern auch auf der Couch, möglichst eng an seine Bezugsperson gekuschelt. Er liebt die gemeinsamen Gänge durch die Natur, ein ausgelassenes Spiel mit Artgenossen, und auch an Suchspielen und Agility hat er Spaß. In seinem Heimatland Spanien wird er hauptsächlich auf Höfen gehalten, um die Ratten- und Mäusepopulation gering zu halten. Er gilt weitestgehend als Gebrauchshund und unterstützt seine Menschen als eine Art Kammerjäger. Viele Ratoneros müssen ihre Nahrung selbst jagen, bekommen keine Zuwendung und kaum medizinische Versorgung. Jessica, erste Vorsitzende der Galgo-Hilfe e. V. berichtet: „Die Hündinnen werden nicht kastriert, unausweichlich folgen immer noch viel zu viele unkontrollierte Vermehrungen und entsprechend viele werden in den Tötungsstationen abgegeben. Das Leid ist groß. Die meisten kommen in einem völlig vernachlässigten Zustand in der Station an. Dabei hat der Ratonero Bodeguero Andaluz einen ausgesprochen liebenswerten Charakter, ausgestattet mit viel ‚Will to please'. 2007 nahm ich Tierra auf, damit war sie mit eine der ersten Ratoneros in Deutschland. Sie verzauberte mich vom ersten Augenblick an. Anpassungsfähig, folgsam und immer hoch motiviert alles richtig zu machen, bewies sie sich auch über lange Zeit als eine in sich ruhende Begleiterin und treue Freundin. Sie rannte und spielte fröhlich mit den Galgos, aber hatte mich dabei stets im Auge. Sie blieb einfach immer gern in meiner Nähe, es sei denn, es musste eine Wühlmaus ausgegraben werden. Tierra legte den Grundstein für meine Liebe zu den sanften andalusischen Terriern. Viele konnten ihr seitdem folgen, brauchen keine Not mehr fürchten und leben nun glücklich als Familienhunde. Mittlerweile gibt es viel mehr seriöse Züchter, trotzdem bleibt die Situation der Ratoneros in Spanien schlecht, wenn sie nicht bei Familien als privates Haustier leben. Denn die meisten werden nach wie vor auf den Höfen als Nutztiere gehalten, fallen damit nicht unters staatliche Tierschutzgesetz und brauchen in ihrer Not weiterhin unsere Hilfe."

WAS IST EIN GENTEST?

Ein Gentest kann Auskunft über die im Hund vorhandenen Rassen und somit Informationen über mögliche Eigenschaften oder Veranlagungen geben. Bevor du einen Gentest für deinen Hund durchführst, solltest du prüfen, ob die Informationen, die du darüber erhalten kannst, wirklich nötig und hilfreich sind. Denn die Kosten sind nicht unerheblich und variieren je nach Labor und Art des Tests. Je nach Herkunft deines Hundes haben sich so viele Rassen eingekreuzt, dass eine zuverlässige Bestimmung nicht mehr möglich ist. Einige Tierärzte bieten die Durchführung in ihrer Praxis an oder aber verweisen dich an spezialisierte Labore.

01

02

03

04

01 – 04
Geschafft! Wo ein Wille, da ein Weg. Der Bodeguero verfolgt zielstrebig seinen Plan, seinen Menschen überallhin begleiten zu dürfen.

ARBEITS- UND GEBRAUCHSHUNDE IM TIERSCHUTZ

Der Arbeitshund gilt seit der Domestikation auf allen Teilen der Erde als unersetzlicher Arbeitshelfer des Menschen. Gut umschreibt es der englische Ausdruck „working dog", „der arbeitende Hund". Damit werden alle Hunderassen bezeichnet, die für eine bestimmte Aufgabe gezüchtet, ausgebildet und eingesetzt werden, wie beispielsweise ein Diensthund oder ein Jagdhund. Arbeitshunde sind hochveranlagt, arbeitswillig bis übereifrig, bewegungsfreudig, aktiv und bringen viel Energie und Stärke mit. Wird solch ein Hund als Familienhund angeschafft, muss er angemessene Haltebedingungen vorfinden. Eine möglichst frühe Sozialisierung auf Umweltreize, Menschen und Artgenossen ist ausschlaggebend für die gesunde Entwicklung seiner sozialen Kompetenzen. Versäumnisse in den Entwicklungsphasen können nicht „repariert" werden. Für den Familienhund steht eine alltagstaugliche Erziehung im Vordergrund und nicht das Training zum Spezialisten. Arbeitshunde brauchen klare, überzeugungsstarke Führung und maximale Auszeiten, damit sie nicht überdriften. Je nach Genetik des Hundes ist das zuweilen fast unmöglich und viel zu häufig findet man diese, doch eigentlich so kooperativ gezüchteten Hunde, demoralisiert und „kriminell" geworden hinter den Gittern von Tierheim und nicht selten mit Maulkörben abgesichert. Wenn du nun genau solch einem armen Hund helfen möchtest, sollte das gut überdacht sein. Diese Hunde sind keine Übungsobjekte, es sind keine Hunde, die man mal aus dem Tierheim holt, ein bisschen was ausprobiert und sie dann wieder zurückbringt. Sie brauchen in ihrer Not Struktur, Erwartungssicherheit, Zuverlässigkeit – und vergleichbar mit uns Menschen: je häufiger sie von ihren Sozialpartner:innen enttäuscht werden, hin und hergereicht werden, desto weniger sind sie in der Lage, sich in der nächsten Beziehung fallen zu lassen und erneut zu vertrauen.

Gut ausgebildete Rettungshunde sind zuverlässige Helfer an der Seite des Menschen.

Magyar Vizsla beim Vorstehen im jagdlichen Einsatz.

DER HELFER-HUND

- **Gebrauchshunderassen** Der Begriff Arbeitshund und Gebrauchshund wird oft gleichbedeutend benutzt, denn mit beiden Begrifflichkeiten werden Hunde bezeichnet, die für ganz bestimmte Tätigkeiten eingesetzt (gebraucht) werden.
- **Diensthund** hilft und unterstützt Polizei, Zoll und Militär.
- **Jagdhund** arbeitet dem Jäger zu.
- **Herdengebrauchshund** beschützt Vieh.
- **Rettungshund** arbeitet an der Seite von Rettungshundestaffeln in Katastrophengebieten.
- **Assistenzhund** hilft Menschen mit Behinderung, z. B. seh- oder geh-eingeschränkt.
- **Therapiebegleithund** wird im Rahmen der tiergestützen Therapie eingesetzt.
- **Wach- und Schutzhund** arbeitet im Personen- und Objektschutz.
- **Haushund** Alltagsbegleiter seiner Familie.

DIENSTHUNDE

Diensthunde sind speziell für den hoheitlichen Aufgabenbereich (Polizei, Zoll, Militär) ausgebildete Gebrauchshunde, meist Rassen wie der Deutsche Schäferhund, der Malinois, der Holländische Herder oder deren Mixe. Auf Diensthunde spezialisierte Züchtende ziehen die Welpen auf und selektieren sie nach ihren Fähigkeiten. Denn nur die für den Dienst tauglichen Hunde werden auf ihren Einsatz vorbereitet und dann mit 10 Monaten bis 5 Jahren den Diensthundeführenden zugeteilt. Die Regelungen rund um den Diensthund sind von Bundesland zu Bundesland nicht immer einheitlich. Nach der Ausbildung und zusätzlichen Tätigkeit im Wach- und Wechseldienst können die Polizist:innen sich zum Diensthundeführenden bewerben, in einigen Bundesländern müssen sie die Teilnahme an entsprechenden Fachlehrgängen nachweisen. Praktische Erfahrung im Umgang mit solch hochveranlagten Hunden braucht man aber nicht.

Die Diensthunde werden für Schutz- und Suchzwecke eingesetzt, zum Beispiel um Täter vor Ort zu stellen und die Beamt:innen bei Festnahmen zu unterstützen. Der Leistungsstand wird durch tägliches Training in speziellen Einrichtungen der Polizei gefestigt. Aber auch außerhalb der Dienstzeiten müssen die Diensthundeführenden zur Haltung und Pflege des Tieres bereit sein. Grundsätzlich bleiben die Hunde, solange sie im Dienst sind und meist auch darüber hinaus, Eigentum der jeweiligen Behörde, das heißt die Kosten für beispielsweise Futter und Tierarzt, werden übernommen.

Das Polizeidiensthundwesen Brandenburg schreibt: „Einsatz, Training und Pflege des Diensthundes sind – auch außerhalb der regelmäßigen Dienstzeit – hoheitliche Tätigkeiten." (ABl./95, [Nr. 47], S.550) Entsprechend hoch ist die Verantwortung für die Diensthundeführenden. Die Hunde werden zuweilen in Zwingern gehalten, entweder auf dem Polizeigelände oder privat beim Diensthundeführenden. Viele von ihnen können nicht „Hund sein", denn oft wird mehr Wert auf das Training als auf soziales Verhalten gelegt, zum Beispiel sich mit anderen Hunden zu treffen.
Die meisten der im Dienst stehenden Hunde leben jedoch im familiären Umfeld des Diensthundeführenden und sicher nicht immer mit verschlossener Zwingertür, auch wenn das einige Verordnungen immer noch so vorsehen. Ihre Dienstzeit läuft circa bis zum 10. Lebensjahr. Wird dann festgestellt, dass „der Diensthund nicht mehr dienstfähig ist, wird dieser gemäß bestimmter Kriterien als sozialverträglich ausgemustert bzw. in den wohlverdienten Ruhestand entlassen. Das bedeutet, dass der Diensthund durch den Diensthundeführenden weiter gepflegt und gehalten wird, auch wenn der Hund Eigentum der Behörde bleibt." (Zitat Infoportal über die Polizei NRW). Fakt ist, dass spätestens mit circa 8 bis 10 Jahren (oft auch jünger) die Hunde den hohen Anforderungen im Dienst nicht mehr gerecht werden können. Einige eignen sich aufgrund ihres nervenschwachen Verhaltens nicht mehr, zeigen immer häufiger Übersprungshandlungen und sind nicht mehr kontrollierbar. Dazu kommen die im Dienst erlittenen Traumata oder Verletzungen, die Folgeerkrankungen wie Arthrose und Gelenkprobleme mit sich bringen. Diensthunde gelten zwar tierschutzrechtlich nicht mehr als Arbeitsgeräte, sind aber doch Staatseigentum mit Verfallszeit.

SCHUTZHUNDE

Eine erfolgreiche abgeschlossene Schutzhundeausbildung beinhaltet mehrere Prüfungen und macht einen Haushund (aller Rassen) zum Schutzhund. Hunde sind Beutegreifer und bei der Ausbildung wird das angeborene Beutefangverhalten genutzt, damit der Hund den Schutzärmel seiner Interaktionspartner:in als Beute ansieht und zupackt. Im Polizeihundebereich wird der Hund darauf trainiert, gezielt Menschen zu stellen und anzugreifen und auf Befehl wieder abzulassen (Zivilschärfe). Im Schutzhundesport dagegen, soll der Mensch nicht angegriffen und gebissen, so zumindest das Ziel der Sportler:innen, sondern Beute gemacht werden. Dafür soll der Hund lediglich in den Schutzärmel oder das Hetzkissen packen. Ursula erzählt: „Leider geht das Ziel nicht immer auf. Mein Schützling Malinois Malthus zum Beispiel, ein unkomplizierter, in der Hundegruppe sozial agierender Jungrüde, wurde nach seiner Vermittlung, trotz meiner ausdrücklichen Warnung, auf dem Hundeplatz im Schutzhundesport gearbeitet. Die Hunde werden auf dem Platz nicht in der Ruhe bestärkt, sondern im Trieb zusätzlich gepusht. Malthus wurde folglich triebstärker, riss sich eines Tages auf dem Platz los, wartete nicht ab bis der Schutzärmel angezogen war und packte ohne zu zögern in den ungeschützten Arm des Trainers. Aus Hundesicht hat er alles richtig gemacht. Alles, was du freisetzt, solltest du unbedingt auch kontrollieren können – dieser Leitsatz, auch auf die Gefahr, dass ich mich wiederhole, sollte uns gerade bei den Spezialist:innen immer begleiten!"
Hunde kommen als Hunde auf die Welt, manche haben genetisch bedingt die Voraussetzungen im Gepäck, scharfe Waffen zu werden. Die Schuld dafür liegt nicht beim Hund, sondern immer in unserer Verantwortung.

ASSISTENZHUNDE

Ein Assistenzhund begleitet im Gegensatz zum Therapiehund immer nur einen Menschen und das 24/7. Sie gelten als gesetzlich anerkanntes, medizinisches Hilfsmittel.
In Deutschland gibt es keine einheitliche Ausbildung für Assistenzhunde. Manche Hunde verbringen das erste Lebensjahr in einer speziellen Hundeschule, andere werden in einer Patenfamilie auf ihren Job vorbereitet. Die ausgewählten Hunde müssen einen Eignungstest durchlaufen, denn von ihnen wird Sozialkompetenz, Kooperation und Wesensfestigkeit erwartet. Sie werden gezielt geschult, um beispielsweise Menschen mit Diabetes, Essstörungen, schweren Depressionen, Bipolarer Störung und Borderline, aber auch seh- und gehbeeinträchtigten Menschen zu helfen und sollten daher über eine schnelle Auffassungsgabe verfügen.
Blindenführhunde zum Beispiel beherrschen bei Ausbildungsende 40 Hörzeichen, Tendenz steigend. So finden sie auf akustische Signale beispielsweise Ampeln, Eingänge und Briefkästen. Assistenzhunde tragen also maßgeblich dazu bei, dass Menschen mit Behinderungen, sei es körperlich oder seelisch, das tägliche Leben selbstständiger und selbstbestimmter meistern können.
Für uns echte Helden des Alltags, die aber auch schon mit 9 bis 11 Jahren arbeitslos werden und für den unverbrauchten Nachwuchs in Rente gehen. Das Tierheim bleibt ihnen glücklicherweise erspart, denn für ausgediente Assistenzhunde gibt es Anwärterlisten, die diesen Hunden einen passenden Platz für ihren Lebensabend bieten.

Voraussetzung: Sozialkompetenz, Kooperation und Wesensfestigkeit.

01

02

STRASSENHUNDE – DIE AUTARKEN SELBSTVERSORGER

Straßenhunde sind autark lebende Hunde, die nicht in Familien, sondern „auf der Straße" leben und dort jeweils durch ihre Reviere streunen. Sie kommen in den ärmeren ländlichen Gebieten Mitteleuropas vor und in den südlichen wie in den osteuropäischen Ländern gehören sie zum Straßenbild. Die lokale Bevölkerung pflegt in der Regel einen guten Umgang mit den wildlebenden Hunden, die Toleranz ihnen gegenüber ist meist hoch. So führen die Straßenhunde häufig ein freies, selbstbestimmtes Leben und sind teilweise gut genährt. Aber in Notlagen sind sie auf sich gestellt und so gibt es viele Tiere, die unversorgt und vernachlässigt unter Krankheiten, Hunger und auch Misshandlungen leiden. Der Mensch bleibt auch für diese Hunde ein wichtiger Sozialpartner, denn sie ernähren sich von seinen Abfällen, suchen seine Nähe und auch Hilfe in ihrer Not. Ursula erzählt über Kora: „Sie war eine Streunerin und kam gut auf der Straße zurecht, erkrankte dann aber an einer Augenentzündung. Tierschützende holten sie in ihre Station, das Auge musste entfernt werden, denn sonst wäre sie gestorben. Sie kam anschließend in ein deutsches Tierheim und von dort fand sie den Weg zu mir. Die bescheidene Hündin scheut sich im Fokus des Menschen zu stehen und hier kann sie wie in ihrem ersten Lebensabschnitt Hund unter Hunden sein."

Straßenhunde sind zwar über die Evolution domestiziert, da sie jedoch schon über Generationen auf der Straße leben, sind sie nicht sozialisiert. Ähnlich einem Wildtier haben viele große Scheu vor dem Menschen und verhalten sich auf gut gemeinte Annäherungsversuche misstrauisch oder auch aggressiv. Besser ist es also Abstand zu halten. In besonders touristischen Gebieten zeigen sich die meisten wildlebenden Hunde jedoch freundlich und suchen aktiv den Kontakt in der Hoffnung auf Streicheleinheiten und Futter. Aber Achtung, in vielen Ländern ist das Anfüttern der Hunde gesetzlich verboten. Außerdem werden so weitere Hunde angelockt, was wiederum zum Unmut der Einheimischen führt und im schlimmsten Fall Tötungsaktionen zur Folge hat. Sinnvoller ist es daher lokale seriöse Tierschutzorganisationen zu unterstützen, die langfristige Lösungen wie Kastrationen und feste

03

Futterstationen anbieten. Sie können so auch verletzte Tiere ausfindig machen und medizinisch versorgen (siehe Seite 12).

Unser Tipp: Ein ehemaliger Straßenhund kann ein wunderbarer Begleiter werden, aber achte bei der Wahl der Tierschutzorganisation darauf, dass nicht unreflektiert alle Tiere von der Straße eingesammelt werden. Der Hund, den du dir aussuchst, sollte sich bei den Tierschützenden zutraulich zeigen. Denn dann wird er sich auch dir gegenüber vertrauensvoll öffnen können. Diese Hunde kannst du in der Regel in der späteren Erziehung weder mit Zwängen noch mit bedürfnisorientiertem Hundetraining überzeugen. Es sind Überlebenskünstler und brauchen vor allem deine Erkenntnis und dein Zutrauen in ihre Fähigkeiten.

01 – 05
Straßenhunde bewegen sich autark durch ihr Revier und verteidigen ihren Lebensraum. Trotz selbstbestimmtem Leben suchen sie die Nähe des Menschen und ernähren sich von seinen Abfällen.

04

05

Andere Länder andere Lebensweise. Auch Hunde haben ein Heimatgefühl.

NICHT JEDER AUSLANDSHUND IST IN „UNSERER“ WELT GLÜCKLICH

Als in der Ukraine der Krieg ausbrach, hatten einige der Flüchtlinge ihre Hunde mitgenommen und anschließend natürlich viel größere Schwierigkeiten eine Unterkunft zu finden als die ohne Haustier. Ursula erinnert sich an Lotchik, den Hund ihrer ukrainischen Gastfamilie: „Wir haben bei Kriegsausbruch Mutter, Tochter und deren Hund Lotchik aufgenommen. Tochter Daria entdeckte Lotchik bei ihrer ehrenamtlichen Tätigkeit im ukrainischen Tierheim. Die Familie adoptierte den Hund und seitdem ist er ein geliebtes Familienmitglied. Lotchik hatte in seinem Leben als ukrainischer Familienhund viel Freiraum, denn die Leute leben ländlich. Dort gehen die Hunde allein spazieren, laufen ihr Revier ab und können sich ihre Zeit weitestgehend frei einteilen. Eine Leine kannte und brauchte er nicht. Als der Krieg ausbrach stellte Daria nicht in Frage, Lotchik mitzunehmen. Aber Lotchik kannte die Enge, die Hektik und den Lärm der Stadt nicht. Er wurde krank. Erst dachten wir es läge an seinen schlechten Zähnen und wir ließen ihn medizinisch versorgen. Aber er wurde immer lustloser und schlecht gelaunt pöbelte er jeden anderen Hund an. Sicher stellte er sich auch die Frage, warum hier so viele Hunde direkt vor seiner Tür markierten und warum sie nicht einen Bogen um sein Revier machten. Ich wollte ihn in meine Gruppe integrieren, aber auch das überzeugte ihn nicht. Er ließ sich von mir nicht anfassen und signalisierte den Hunden, dass er mit ihnen nichts zu tun haben wolle. Als Daria in die Schule ging und Lotchik in der kleinen Stadtwohnung auf sie warten musste, verschob sich seine schlechte Laune in die Depression. Er heulte wie ein Wolf, verweigerte das Essen und wollte auch mit Daria kaum noch vor die Tür. Also beschloss sie schweren Herzens, Lotchik beim nächsten Familienbesuch wieder nach Hause in die Ukraine zu bringen. Lotchik ist ein gutes Beispiel dafür, dass auch Hunde mit ihrem Umfeld verwurzelt sind und Heimweh haben – nicht jeder Hund aus dem Ausland ist bei uns glücklich, denn wir leben oft ganz anders als dort, wo der Hund ursprünglich herkommt. Lotchik war auf jeden Fall heilfroh wieder daheim zu sein, seine bekannten Gesichter, seine Fellfreunde und seine gewohnte Umgebung haben ihn wieder stabilisiert.“

☞ MYTHOS DANKBARKEIT

Hunden mit einer traurigen Vorgeschichte, die aufgenommen und „gerettet" werden, wird gern eine große Dankbarkeit unterstellt. Dadurch hängen an diesem sich hartnäckig haltenden Mythos oft nicht erfüllbare Erwartungen. Dankbarkeit ist jedoch ein menschlicher Begriff, der eine positive emotionale Reaktion einer Person oder Situation gegenüber ausdrückt. Es beschreibt ein Gefühl der Wertschätzung, das in menschlichen Interaktionen verwurzelt ist. Aber ist es wirklich etwas, das Hunde auch so empfinden und uns gegenüber so ausdrücken? Sicherlich sind Hunde individuelle Persönlichkeiten mit eigenen Bedürfnissen, Vorlieben und Besonderheiten. Sie können Emotionen wie Zuneigung, Freude, Trauer und auch kognitive Verhaltensweisen zeigen. Doch ihre Reaktionen auf uns beruhen auf Instinkten, Erfahrungen und der Qualität des Zusammenlebens. Ein Hund, der in einer sicheren und liebevollen Umgebung lebt, seine grundlegenden Bedürfnisse erfüllt sieht und positive Erfahrungen macht, wird uns vielleicht mit Anhänglichkeit und Zuneigung begegnen. Vielleicht fühlt sich das in unserer Sprache übersetzt wie Dankbarkeit an.

Andere Hunde hingegen brauchen eine größere Distanz zum Menschen, scheuen sogar Berührungen und lehnen auch Liebkosungen oder Hilfestellungen ab. Das bedeutet im Umkehrschluss jedoch nicht automatisch, dass letztere ihren Menschen nicht mögen, undankbar oder unglücklich sind. Sie sprechen zu uns in ihrer eigenen hündischen Sprache, sind vielleicht einfach leiser und introvertierter. Es ist nicht Aufgabe des Hundes sich nach unseren Wunschvorstellungen zu verhalten und unser Ego zu streicheln. Wie absurd ist es, von Hunden Dankbarkeit zu erwarten, wenn wir ihnen das geben, was jedes Lebewesen verdient: Einen sicheren Ort, Nahrung, Liebe und Fürsorge. Unsere Aufgabe ist es, den Hunden je nach Vorgeschichte mit Geduld und Empathie zu begegnen und ihr Tempo im Bindungsaufbau zu respektieren sowie ihren Wunsch nach etwas mehr Abstand zu akzeptieren, statt ihr Verhalten persönlich zu nehmen und als Ablehnung zu verstehen. Hunde zeigen uns auf ihre hündische Weise, wie sie sich fühlen und was sie brauchen. Wenn wir bereit sind, auch vom Hund zu lernen, auf seine Signale zu achten und respektvoll mit ihnen umzugehen, können wir diese in die Erziehung einfließen lassen. Auch mit dem Hund, der sich nicht an unsere Standards hält, lässt sich so gemeinsam wachsen und eine innige Bindung aufbauen, die weit über den simplen Mythos der Dankbarkeit hinausgeht.

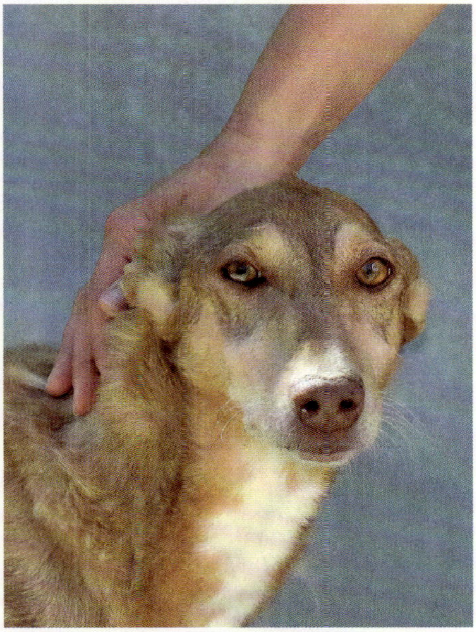

Manche Hunde mögen es nicht geherzt und geküsst zu werden, sie brauchen mehr Distanz zum Menschen. Das macht sie aber nicht weniger „dankbar".

IST JEDER HUND RESOZIALISIERBAR?

Ein Dreibein kann nicht wieder vier gesunde Beine bekommen, genauso wenig kann jeder psychisch stark beeinträchtigte Hund wieder zum wesensfesten Familienhund werden. Seelische Schäden können also genauso irreparabel sein wie körperliche. Hunde, die zum Beispiel die Nähe zum Menschen meiden und sich ängstlich in die Ecken ihrer Gehege drücken, sind in der Regel nicht dankbar „gerettet" zu werden. Sie kennen das Zusammenleben mit dem Menschen nicht und empfinden menschliche Nähe zunächst als unangenehm oder sogar bedrohlich. Oft können sie sich dann auch nur einem Menschen gegenüber öffnen, sich ihm anschließen und ihm vertrauen. Wir möchten Mut zu der Aufnahme eines Tierschutzhundes machen, doch Ursula beschreibt: „Du solltest aber wissen, dass man nicht allen Hunden durch Liebe allein helfen kann und dass Mitleid ein ganz schlechter Berater ist. Wir wollen sensibilisieren und auf die Aufgaben hinweisen, die ein traumatisierter Tierschutzhund (siehe Seite 94) für Adoptanten mit sich bringen kann. Mir liegen die scheuen und skeptischen Hunde sehr am Herzen. Ich mag es, dass sie nicht ‚Jedermanns Darling' sein wollen. Es ist eine großartige Aufgabe, sie geduldig mit der Menschenwelt bekannt zu machen und zu erleben, wie sie tagtäglich mehr entspannen und wieder Lebensmut bekommen. Sehr gute Erfolge konnte ich bei all meinen psychisch instabilen Hunden mit dem Aquatraining machen (siehe Seite 208). Wenn sich ein Hund jedoch gar nicht streicheln lassen mag, meine Kora zum Beispiel sträubt sich, wenn ich auf Kuschelkurs gehen möchte, dann sollte das auch respektiert werden."

Unser Tipp: Du brauchst ein hohes Maß an Akzeptanz für einen traumatisierten Hund (siehe Seite 97), um sein ablehnendes Verhalten nicht persönlich zu nehmen. Es sollte viel Zeit eingeplant und keine zu hohe Erwartungshaltung an den Hund gestellt werden – und jeder muss für sich überprüfen, was er und auch seine Familie leisten können.

EPIGENETIK UND PRÄNATALE ERLEBNISSE

Ein rumänischer Hund ist ganz anders an seine Umgebung angepasst als ein in Deutschland lebender. Die Forschung rund um die Epigenetik stellt sich die Frage, wie Umweltfaktoren die Aktivität von Genen beeinflussen und ob gemachte Erfahrungen, negative wie positive, an die Nachkommen weitergegeben werden. Eine Straßenhündin, die in einem unruhigen Umfeld in ständiger Existenzsorge lebt, würde folglich bereits genetisch bedingt scheue und sorgenvolle Welpen gebären. Sicher aber prägen pränatale Einflüsse die Welpen. Es ist die Zeitspanne, in der die Föten, eigentlich noch gut geschützt vor der Außenwelt, im Mutterleib sind. Die Eindrücke und die mentale Verfassung der Mutter, Not oder Wohlergehen, beeinflussen jedoch die noch ungeborenen Welpen. Ein Hund der, um ein extremes Beispiel zu nennen, im Kriegsgebiet geboren wird, hat nicht nur der Haltungsbedingungen wegen schlechte Karten, sondern ist auch psychisch instabiler als ein Hund, der wohlbehütet geboren wird. Ursula berichtet über ihren bereits verstorbenen Galgo-Español-Mix Herr Rossi: „Er wurde von einer wild lebenden Mutter auf der Straße geboren und wuchs zusammen mit seinen vier Geschwistern in ständiger Flucht und Angst vor Menschen auf. Erst im Alter von vier Monaten konnten die Junghunde von Tierschützenden geborgen werden. Obwohl man meinen könnte, dass dies früh genug war, lehnte der gesamte Wurf zeitlebens menschliche Zuwendung ab. Sie verhielten sich wie wilde Hunde: domestiziert, aber eben nicht sozialisiert. Auch ein Wildhund kann sich dem Menschen anschließen, aber es benötigt Feingefühl statt Unterordnung. Es dauerte eine Weile, bis ich begriff, dass Herr Rossi eigene Regeln im Gepäck hatte: seinen Persönlichkeitsbereich zu respektieren, stand ganz oben an. Zeit seines Lebens arbeitete ich vor allem an mir, denn er ließ sich nicht zu etwas zwingen, dann verweigerte er jegliche Zusammenarbeit. Alles musste für ihn einen Sinn machen und die Entscheidung zu vertrauen wollte er selbst treffen. Auf dieser Grundlage ist in gegenseitigem Respekt eine tiefe Bindung entstanden. Herr Rossi war bis zu seinem Tod ein loyaler und auf seine ureigene Weise auch sehr kooperativer Begleiter, der mich vieles über Hunde gelehrt hat."

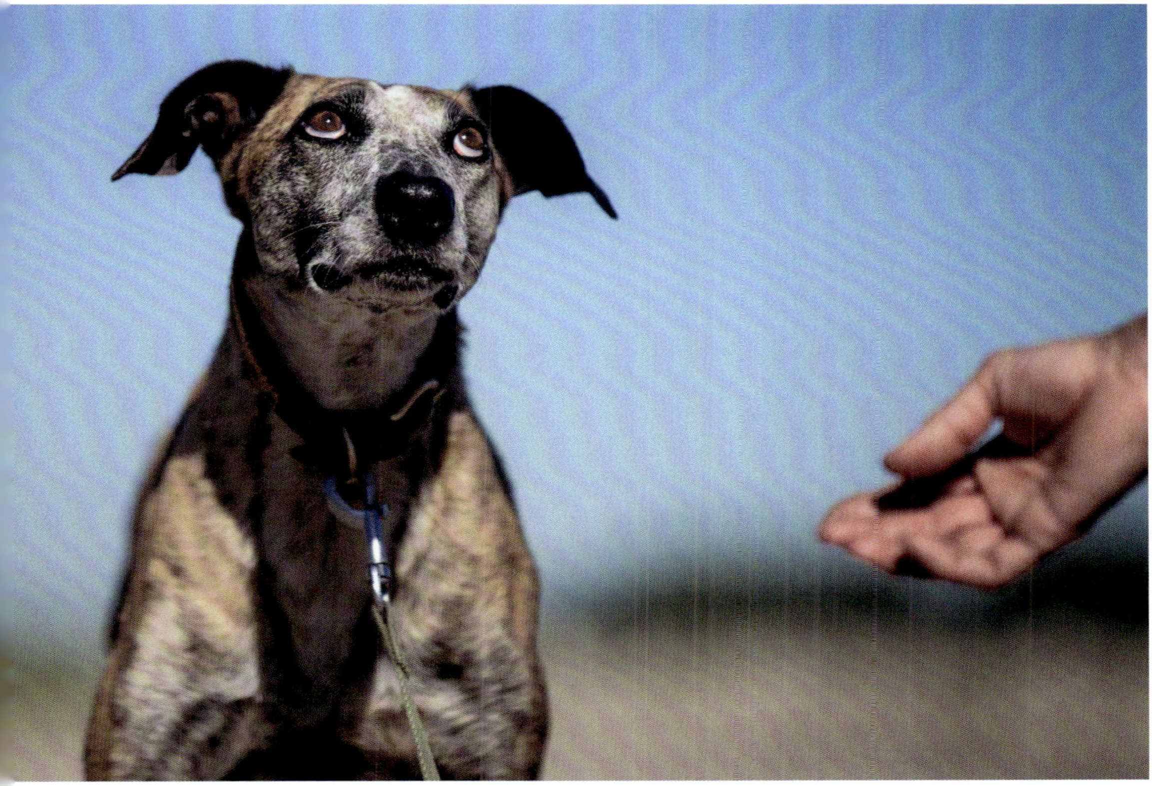

Skepsis und Ablehnung des Hundes haben nichts mit dir zu tun. Nimmst du es persönlich, wird es zum Problem.

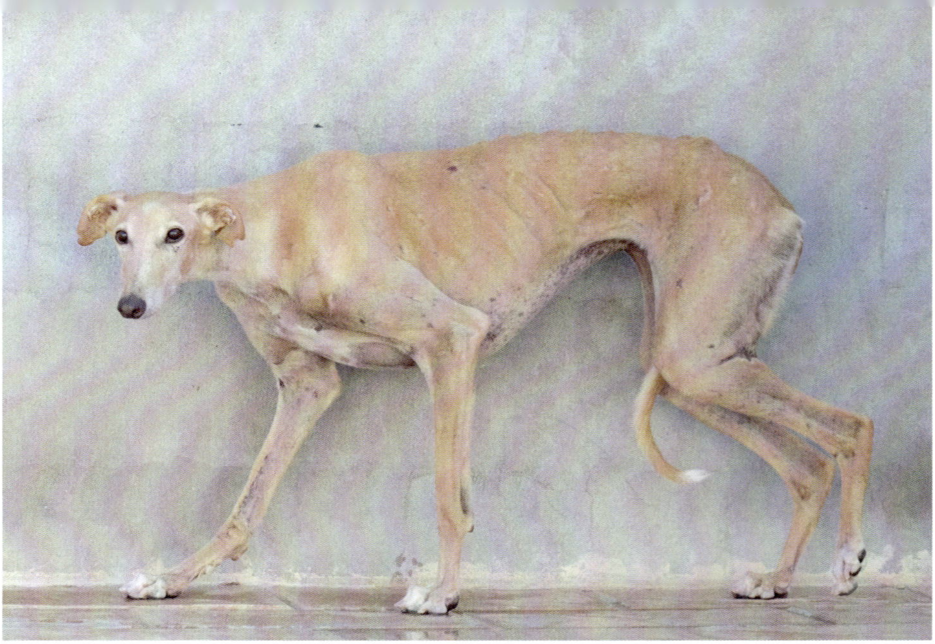

Traumata beschreiben seelische Verletzungen – sie lassen sich nicht weg trainieren.

DER TRAUMATISIERTE HUND

Hunde aus dem Tierschutz, die in einem instabilen Umfeld aufwachsen, sind oft nicht nur epigenetisch und pränatal belastet, sie sind auch einer viel höheren Wahrscheinlichkeit ausgesetzt, traumatische Erlebnisse zu durchleben, als der in seiner Familie gut behütete Welpe. Ein Trauma beschreibt eine seelische Verletzung nach einem gravierenden Ereignis oder sogar einer längeren Lebensphase, die sich nicht einfach so heilen lässt, sondern zu anhaltenden Verhaltensänderungen führen kann.
Die gute Nachricht: nur wenige Hunde entwickeln dauerhafte Traumafolgestörungen. Manche Hunde haben die schlimmsten Erlebnisse hinter sich und gehen daraus sogar gestärkt hervor. Auch genetische Anteile machen Hunde mehr oder weniger anfällig für eine Traumafolgestörung. Wir beobachten bei den Windhunden, dem Galgo Español zum Beispiel, dass sie trotz Vernachlässigung oder Misshandlung, dennoch freundlich und optimistisch bleiben, während beispielsweise Schäferhunde daran zerbrechen.

Beispiele die ein Trauma verursachen können:

— zu frühe Trennung von Mutter und Geschwistern (Seite 38, Welpenhandel)
— Zwangsverpaarungen (Seite 38, Welpenhandel)
— Einfangen der streunenden Hunde mit der Fangschlinge
— Verlust des Zuhauses bzw. des sozialen Umfelds
— Vernachlässigungen, Deprivation (zu wenig erlebt)
— Unfälle, Misshandlungen und Existenznot

Hunde, die traumatisch belastet sind, haben mehr Probleme sich auf ihre neue Umgebung einzustellen als unbelastete Tiere. Viele kennen die Wohnungshaltung und den Stadtalltag nicht. Sie reagieren nicht nur schreckhaft auf Geräusche, sondern haben Angst um ihr Leben und sind gedanklich sofort auf der Flucht. Sie agieren instinktiv und ihre Sorge ist für uns Menschen vielleicht nicht immer nachvollziehbar. So zeigen sie im Einzelfall auch ambivalentes Verhalten gegenüber der Bezugsperson, suchen erst die Nähe und schmiegen sich an, um

01

02

dann scheinbar aus dem Nichts, aufzubrausen und abzuschnappen.

Anzeichen für Traumafolgen können sein:
— Schreckhaftigkeit
— Gewichtsverlust
— Starre (Hund zieht sich zurück; verminderte Reaktion; kein Interesse an der Umwelt)
— Aggressionsverhalten (Schwierigkeiten bei der sozial angemessenen Regulation)
— Unsauberkeit; Einnässen
— Selbstverletzung
— Stereotype Bewegungsmuster, z. B. Jagen der eigenen Rute (Seite 96)

01 Verlust des Umfelds oder zu frühe Trennung von Mutter und Geschwistern können zu seelischen Spätfolgen führen.

02 Mitleid hilft diesen Hunden nicht, sondern eigene Resilienz, Verlässlichkeit, Geduld und Verständnis.

Auch diese Hunde brauchen unsere Hilfe. Allein sind sie verloren. Aber du solltest wissen, dass sich nicht jedem Hund einfach und gleich gut helfen lässt. Mitleid und ein überschätztes Helfersyndrom sind nicht konstruktiv. Es braucht viel Empathie, Geduld, aber auch kreative Überzeugungsstärke. Letzteres ist besonders wichtig, denn du solltest deinem Hund glaubhaft vermitteln, dass du ihn schützt und das Leben schön ist.

DIE DEPRIVATION

Hunde, die in ihrer Prägephase zu wenig erlebt haben, nicht auf Umweltreize und Menschen geprägt wurden, die zum Beispiel in Zwingern aufwachsen oder in Kellern gehalten wurden, können unter Deprivationsschäden leiden. Ihr Gehirn konnte unter diesen reizarmen Umständen nicht zu einem belastbaren und leistungsfähigen Organ reifen. Diese Hunde sind weder stressresistent noch emotional stabil und können sich auch auf Veränderungen nur schlecht bis gar nicht einstellen.
Eine Deprivation ist nicht klassisch heilbar. Die geschädigten Hunde brauchen Geduld und Verständnis für ihre Traumafolgen, aber kein Mitleid. Du kannst ihnen zum Beispiel durch die Aktivierung und Förderung ihrer Fähigkeiten helfen. Mit unseren Tipps zur Stärkung der Resilienz deines Hundes können sich auch solche Tiere zu selbstbewussten und lebensfrohen Hunden entwickeln (Seite 97).

STEREOTYPE VERHALTENSWEISEN

Stereotype Verhaltensweisen sind Zwangsstörungen, dabei verhält sich der Hund nicht zur Situation passend und wiederholt sich ohne Sinn und Zweck in seinem Tun. Der Übergang von der schlechten Angewohnheit zum zwanghaften Verhalten ist fließend. Einige Tiere belecken zwanghaft Böden oder Möbel, andere bellen eintönig und ausdauernd.

Die häufigsten stereotypen Handlungsmuster sind:

— die eigene Rute jagen
— sich im Kreis drehen (nicht zu verwechseln mit sich im Kreis drehen, um es sich auf dem Ruheplatz bequem zu machen oder auf dem Spaziergang, um sich zu lösen)
— Lichtreflexe oder imaginäre Fliegen jagen
— Schattenstarren
— Flanken- oder Deckensaugen
— Selbstzerstörung, wie wund lecken, knabbern oder auch beißen

Ursula erinnert sich an Malinois Hedda: „Hedda war gerade einen Tag bei uns, als ich erschrocken beobachtete, wie sie sich erst exzessiv an den Pfoten knabberte und dann in ihren Oberschenkel biss. Sie zerrte und riss daran bis sie aufschrie, ließ darauf kurz ab, um dann erneut zuzupacken. Als ich sie dabei unterbrechen wollte, wehrte sie mich unerwartet heftig und aggressiv ab. Ich befestigte also in entspannter Situation eine Leine an ihrem Halsband und nahm sie bei ihrer nächsten Selbstattacke über die Leine unaufgeregt aus der Situation. Nach ein paar Wiederholungen wurde sie ansprechbarer und ließ sich nun auch verbal abbrechen."
Zunächst sollte der Hund tierärztlich auf Parasiten, Hautirritationen und auch auf

Auch sich wiederholendes, eigentlich unnötiges Speicheln kann auf eine Zwangsstörung hinweisen.

neurologische Probleme gecheckt werden. Ist dies ausgeschlossen und dein aufgenommener Hund zeigt solche oder andere Stereotypien, liegt eine Zwangsstörung vor bei der die Ursache nebensächlich ist und sie lässt sich auch nicht durch die üblichen Trainingsmethoden einfach abstellen. Diese Hunde brauchen eine 24/7 Betreuung, um auszuschließen, dass sie in ihr Zwangsverhalten fallen, denn sie „belohnen" sich darüber selbst. Ursula weist darauf hin: „Für Tierheime ist das eigentlich nicht durchführbar, deswegen sind Pflegestellen so wichtig. Sie können solche Hunde entsprechend betreuen und begleiten."
Für den Hundehaltenden bedeutet das, ohne Erwartungshaltung Geduld und Zeit zu investieren, sowie gute Nerven und eiserne Konsequenz an den Tag zu legen.
Unser Hinweis: Zu Beginn kann bei ganz extremen Fällen die Gabe von Psychopharmaka in Erwägung gezogen werden. Medikamentöse Therapien sind jedoch nie eine Lösung, sondern können nur dann unterstützen, wenn der Hund geduldig Schritt für Schritt begleitet wird, um aus seiner

zwanghaften Spirale herauszukommen. Beschäftige dich während der engmaschigen Betreuung mit der sozialen Erziehung deines Hundes (Seite 135). Das lässt dich kreativ bleiben und neue Wege finden, um trotz der so nötigen Konsequenz, den Spaß im Miteinander nicht zu verlieren.

TIPPS ZUR STÄRKUNG DER RESILIENZ DES HUNDES

1. **Rückzugsort:** Hier kann der Hund entspannen und sich sicher fühlen (Seite 186).
2. **Vorhersehbarkeit:** Agiere für deinen Hund vorhersehbar und ritualisiere die Abläufe im Alltag (Seite 170).
3. **Verlässlichkeit und Empathie:** Beweise Verlässlichkeit und leite deinen Hund mitfühlend, aber konsequent an, statt mitleidig auf sein übersteigertes Verhalten zu reagieren.
4. **Selbstvertrauen:** Stärke das Selbstvertrauen deines Hundes und traut euch etwas zu, z. B. die gemeinsame Bewältigung einer „gefährlichen" Treppe (Seite 175) oder z. B. Aquatraining (Seite 208).
5. **Gemeinsamkeiten entdecken:** Lasse deinen Hund eure Spaziergänge mitgestalten und entdecke Dinge, die euch beiden Spaß machen. Das muss kein Tobe-, Such- oder Zerrspiel sein, es kann auch einfach das Still-Nebeneinander-Sitzen und Ins-Tal-Schauen sein.
6. **Im Jetzt leben:** Lege die Vergangenheit ad acta und genieß mit deinem Hund das „Hier und Jetzt".

Einfach sein im Hier und Jetzt: Entschleunigen und Gemeinsamkeit genießen.

GUT VORBEREITET

DER WUNSCH, EINEN TIER-SCHUTZHUND ZU ADOPTIEREN

Wenn du einem Hund helfen und aus dem Tierschutz aufnehmen möchtest, kannst du aus Rassehunden und Mischlingen jeden Alters wählen. Ob nun der Notfallhund aus der Nachbarschaft seine Familie verliert oder der Hund aus dem Ausland, der vielleicht nie eine eigene Familie hatte, in Kriegsgebieten oder Tötungsstationen um sein Leben bangt – am liebsten würde man alle Hunde glücklich wissen und helfen, auch denen mit Handicaps und Sozialisierungsdefiziten. Aber so sehr das Herz bei manchem Hund und seiner ergreifenden Geschichte auch klopft, sollte der Verstand bei der Adoption immer die Oberhand behalten. Bei der Auswahl eines passenden Begleiters können dir die Tierschützenden, Tierheimmitarbeiter:innen oder die jeweiligen Pflegestellen helfen. Sie haben Informationen über den Charakter und die Bedürfnisse des jeweiligen Hundes und können auch einschätzen, wie sich der Hund im familiären und speziell in deinem Umfeld verhalten könnte.

Von Direktvermittlungen nur via Bild oder Video übers Internet, raten wir ab, denn sie bergen viele Eventualitäten und bieten oft auch kein Backup. Sicherer ist die Adoption über ein deutsches Tierheim oder eine Pflegestelle (siehe Seite 27).

INFORMIEREN UND VORBEREITEN

Zum Thema „Tierschutzhund“ findet sich mittlerweile eine große Auswahl an Fachliteratur und auch auf Social Media haben sich viele Influencer:innen zu Tierschutzexpert:innen erklärt. Aus dem breiten Angebot von oberflächlich bis anspruchsvoll, kannst du nun selektieren: welche Tipps und Ratschläge sind wirklich seriös (siehe Seite 12)?
Tierschützer:innen, die sich bereits über einen langen Zeitraum aktiv engagieren, informieren klar und zeigen unverblümt Missstände, allerdings ohne den Dramatik-Faktor einer Boulevardzeitung. Hunde in Not brauchen Hilfe und müssen dafür gesehen werden, können aber nichts mit Zweibeinern anfangen, die sich über ihr Schicksal profilieren wollen. Seriös arbeitende Vermittelnde schüren keine falschen Hoffnungen und Erwartungen, sondern weisen dich bei der Aufnahme eines Tierschutzhundes auf die Schwierigkeiten oder Folgeprobleme hin. Gut informiert, bekommst du eine Vorstellung vom Zusammenleben mit dem neuen Schützling und kannst entsprechend besser planen, was mit einer Adoption oder auch als Aufgabe einer Pflegestelle auf dich zukommt.

So sehr die Hunde und ihre Geschichten auch berühren, sie sollten bei der Entscheidung niemals den Verstand aushebeln.

Adoptieren bedeutet Verantwortung übernehmen – im besten Fall ein Leben lang.

INFORMIERT & VORBEREITET

Theoretisch informiert

- Fachliteratur lesen
- an Seminaren und Webinaren teilnehmen
- TV-Dokumentationen schauen
- Planung und Ziel definieren (siehe Selbsttest Seite 106)

Praktische Vorbereitung

- im Tierheim engagieren
- einer Hundegruppe anschließen (Dogwalker:innen, Hundebetreuung)
- Aufnahme eines Gasthundes

So viel zur Theorie – auch praktisch lässt sich im Vorfeld üben und bereits Erfahrung sammeln. In Tierheimen kannst du dich als Gassigänger:in mit unterschiedlichen Hundetypen, deren Eigenarten und Problematiken auseinandersetzen und vertraut machen. Du kannst dich auch Dogwalker:innen oder Hundebetreuungen anschließen und dich unter professioneller Anleitung im Umgang mit Hunden schulen. Oder aber, du nimmst mal einen Hund von Freund:innen als Gasthund übers Wochenende auf. All das erweitert deinen Erfahrungsschatz und lässt dich auch noch besser wissen, welchem Hund du helfen und glücklich machen kannst.

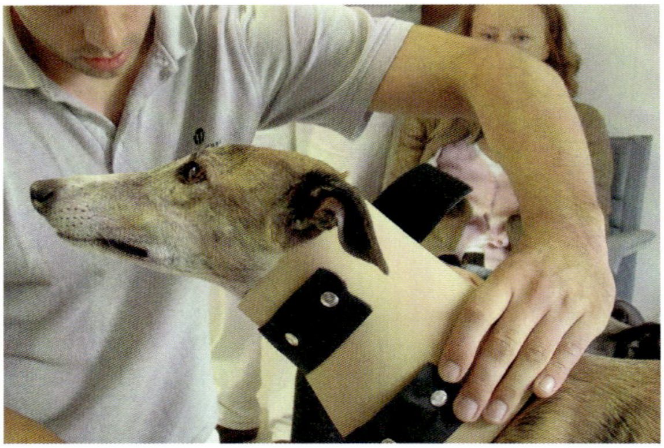

Apolonia beim Anpassen ihrer Orthese. Diese schützt den Halsbereich und stellt ihn ruhig.

wenn das nicht möglich ist, eine Hundebetreuung in Anspruch zu nehmen. Letzteres wäre allerdings mit zusätzlichen Kosten verbunden. Scheue oder skeptische Hunde, die sich nicht gern anfassen und streicheln lassen, passen in der Regel nicht in einen Haushalt mit Kindern. Diese Hunde stehen nicht gern im Fokus und leben zufriedener in einem ruhigen Mehrhundehaushalt. Wenn es sich um verhaltensauffällige und schwer anzuleitende Tiere handelt, werden – je nach vermittelndem Verein – auch die Fach- und Praxiskenntnisse der Interessenten überprüft. Ist der Fragebogen beantwor-

FRAGEBOGEN, VORGESPRÄCHE UND VORKONTROLLE

Bevor der Hund bei dir einzieht, finden Vorgespräche statt, denn so viel ist (leider) sicher: die Auswahl an Hunden, die ihre Menschen suchen, ist groß. Aber noch lange passt nicht jeder Hund in jede Familiensituation. Bisher hat sich jedoch nach umfassender Beratung und der dazu gehörigen Geduld noch für „jeden Topf der richtige Deckel" gefunden. In einem Fragebogen werden Eckdaten festgehalten, zum Beispiel Fragen nach den Arbeitszeiten, ob und wie lange der Hund allein bleiben muss. Die Antworten lassen dich und auch den beratenden Tierschutzverein besser einschätzen, welcher Hund in dein Leben passen könnte. Die meisten zur Adoption freigegebenen Hunde sind unkompliziert und passen sich schnell an. Aber gerade in der Anfangszeit können Hunde zum Beispiel das „Alleine bleiben" noch nicht leisten, jammern und bellen und dekorieren eventuell sogar die Einrichtung um. Damit das nicht zum Problem wird, raten wir zum Homeoffice oder

01

02

03

01 Apolonias Fraktur ist ausgeheilt. Die charakterstarke Hündin wurde wieder ins Adoptionsprogramm aufgenommen und freigegeben für die Vermittlung.

02 Steffi kam als Hundeanfängerin. Sie begleitete Ursula auf ihren Walks, lernte „hündisch" und wuchs mit Apolonia immer enger zusammen.

03 Der Sturz hat keine Schäden hinterlassen.

tet und alles passt zum ausgesuchten Hund, schließen sich daran Gespräche, in welchen die zukünftigen Hundeeltern und die Tierschützenden sich weiter kennenlernen. Eine „Vorkontrolle" besucht die Familie in ihrem Heim, um wohnliche Details zu besprechen, wie zum Beispiel die Sicherung des Gartens oder auch des Balkons.

Das klingt vielleicht seltsam, aber es geschieht häufiger als man denkt, dass Hunde vom Balkon springen, sei es nun aus Flucht- oder aus jagdlicher Motivation heraus. Ursula erzählt dazu Apolonias Geschichte: „Sie kam zu mir, nachdem sie auf ihrer ersten Pflegestelle den Sprung aus dem Fenster als Fluchtweg gewählt hatte. Sie hatte einen Riesenschutzengel, denn ihr Sturz wurde von einem aufgespannten großen Sonnenschirm abgefedert. Im CT wurde jedoch festgestellt, dass sie sich im Halswirbelsäulenbereich verletzt hatte. Als ausgebildete Physiotherapeutin konnte ich ihr dann über Aquatraining und Physiobehandlung professionell helfen."

Bevor es zu einem ersten Treffen mit Hund und Familie kommt, lässt sich also gemeinsam überlegen und vorausschauend planen, wie der neue Hund eingewöhnt werden kann. Manchmal sind mehrere Kennenlern-Besuche ratsam, zum Beispiel bei besonders skeptischen Hunden. Ursula erzählt weiter über Apolonia: „Ihre neue Halterin, selbst Hundeanfängerin, kam über mehrere Wochen und begleitete mich und meine Hundegruppe auf unseren Walks. Anfangs gab sich die Hündin ihr gegenüber sehr skeptisch, aber von Mal zu Mal wurden die beiden sicherer im gemeinsamen Umgang. Als Apolonia hier aus- und bei ihrer Halterin einzog, waren die beiden bereits ein gut eingespieltes Team."

DIE QUAL DER WAHL – ENTSCHEIDUNGSHILFE

Bei der Aufnahme eines Hundes aus dem Tierschutz sollte vorab sichergestellt werden, dass du den zukünftigen Anforderungen und Bedürfnissen des ausgewählten Hundes auch gerecht werden kannst. Für manche Verhaltensauffälligkeiten reicht ein bisschen Training, Geduld und Liebe einfach nicht – auch wenn es in der Beschreibung zum Hund suggeriert wird. Wie zum Beispiel, der unglaublich scheue Hund, der nie Liebe erfahren durfte. Wie schön wäre es, ihm zu zeigen, dass er sich nie wieder fürchten muss? Oder der Hund namens Teddy, der wie das zum Namen passende Stofftier aussieht. Ein solcher Hund ist nicht nur optisch knuddelig, sondern doch auch ganz bestimmt familientauglich, oder etwa nicht? So steht es zumindest in der Beschreibung. Hunde aus dem Tierschutz sind aber nicht zwingend dankbar, manchmal haben sie Defizite oder verhalten sich trotz allem Training unangepasst. Was dann, wenn der

01

02

01 Auch kleine niedliche Hunde sind Persönlichkeiten und stehen nicht jederzeit zum Kuscheln zur Verfügung.

02 Bist du einem solch starken Hund wirklich gewachsen?

03 Stelle vorab sicher, ob du den zukünftigen Anforderungen und Bedürfnissen des ausgewählten Hundes gerecht werden kannst.

scheue Hund sich entgegen allen Versprechen, dass Liebe und Wohlstand ihn „heilen“, auch über die Zeit nicht anfassen und helfen lässt? Und wie geht es mit dem knuddeligen Teddy weiter, wenn er zum tierischen Familientyrannen mutiert?
Durch die verbesserten Lebensbedingungen entwickelt ein anfangs vielleicht schüchterner Hund schnell Selbstbewusstsein, stellt vermehrt Ansprüche und beginnt sich mit dir zu messen – kannst du hier mithalten? Langhaarhunde sind wunderschön, aber das lange Fell braucht Pflege, damit es nicht verfilzt – hast du Lust und Zeit zur täglichen Pflege? Lockige, pudelartige Hunde verlieren zwar kein Fell, tragen aber dafür in ihren Locken den Schmutz ins Haus und müssen zudem regelmäßig zum Frisör. Das aber ist mit mehr Zeitaufwand und zusätzlichen Kosten verbunden. Hütehunde sind wie Spitze, Pinscher und Dackel erzählfreudige Hunde, bellen gern laut und viel – was sagt wohl die Nachbarschaft dazu? Auch bei der Aufnahme eines Tierschutzhundes ist es daher ratsam, sich mit den Rassemerkmalen, vor allem aber mit den Angaben der Pflegestelle zu beschäftigen. Dabei sollten die individuellen Bedürfnisse und Eigenschaften des Hundes betrachtet und mit den eigenen Vorstellungen und Möglichkeiten verglichen werden. Vor der Adoption eines Hundes aus dem Tierschutz kannst du dich gründlich informieren und solltest dir bewusst machen, dass du langfristig, nämlich lebenslang, Verantwortung für dieses dir anvertraute Tier übernimmst. Hier sind einige Fragen, um herauszufinden, welcher Hund zu dir passen könnte:

☞ SELBSTTEST

1. LEBENSSTIL

- Passen Rasse- und/oder Typbeschreibung zu dem, was du an z. B. Zeit, Fitness, Erfahrung leisten kannst und möchtest?
- Welche sportlichen Ambitionen soll der Hund haben? Suchst du nach einem Hund, der dich auf langen Spaziergängen oder beim Joggen begleitet oder bevorzugst du eher einen trägen und ruhigen Hund, der weniger Aktivität einfordert?

Passen Bedürfnisse und Aktivitätsniveau des ausgewählten Hundes zu deinem Lebensstil?

☐ Ja ☐ Nein

2. FÜHRUNG & ERZIEHUNG

- Wie ist dein Naturell und wie siehst du dich in der Führung? Z. B. leise; zurückhaltend; laut; höflich; präsent; konsequent; kreativ; durchsetzungstark; diplomatisch – liste die Kompetenzen auf, die dir im Zusammenleben mit deinem Hund wichtig scheinen.
- Stehst du gern im Fokus oder möchtest du nicht so gern auffallen?
- Nutzt du oft eine Anleitung oder handelst du meist instinktiv und spontan?
- Wie sieht deine Vorstellung vom Zusammenleben mit deinem Hund aus? Harmonisch; der Hund fügt sich brav ein; der Hund hört auf mich; der Hund beschützt Haus und Familie; der Hund kann ohne Leine laufen – liste weitere Vorstellungen auf!
- Bist du bereit dich zu verändern, dich auf deinen Hund einzustellen?

Bist du bereit, deinen Hund 24 h zu erziehen und Spaß am Prozess, der ggf. mit vielen Auf und Abs verbunden ist, zu haben?

☐ Ja ☐ Nein

3. ZEIT

- Magst du deinen Hund immer um dich haben, oder verbringst du auch gern Zeit ohne Hund? Wie lange sollte der Hund allein zu Hause bleiben können?
- Wieviel Zeit verbringst du mit deinem Hund? aktiv ______ passiv ______
- Was verbindest du mit *Quality Time*? Was könnte der Hund damit verbinden?

Ist dir bewusst, dass Hunde soziale Lebewesen sind und nicht gern allein bleiben? (Dein Hund soll immer für dich da sein – bist du auch für ihn da, wenn er dich braucht?)

☐ Ja ☐ Nein

4. KOSTEN:

Hunde kosten Geld, z. B. Hundefutter;

- Tierarztkosten: die Tierarztpraxen vor Ort können dir Auskunft z. B. über die Kosten der jährlich anfallenden Impfungen und eines Blutbildes geben;
- Hundesteuer/Versicherung: aufgrund der gestiegenen Gebührenordnung der Tierärzte kann, neben der notwendigen Haftpflichtversicherung, eine OP- und Krankenversicherung hilfreich sein;
- Zubehör: Autobox, Hundebett, Näpfe, Mantel & Co

Bist du dir der monatlichen Kosten bewusst und kannst du sie tragen?

☐ Ja ☐ Nein

Nicht jeder schwarze Hund ist ein Labrador.

5. GESUNDHEIT & CO

- → Hast du eine Staub- und/oder Hundehaar-Allergie?
- → Hast du dich über Reisekrankheiten informiert?
- → Hast du Sorge vor Floh-, Laus- oder Wurmbefall des Hundes?
- → Bist du emotional stabil oder sollte der Hund dich stützen können?

Bist du bereit den Hund zu pflegen und medizinisch zu betreuen?

☐ **Ja** ☐ **Nein**

6. UMFELD

- → Lebst du allein? Wie viele Menschen erwarten den Hund im neuen Zuhause?
- → Leben im Haushalt
  - Kinder ______?
  - Hunde ______?
  - oder andere Haustiere, welche ______?
- → Kinder: Alter______
  - Kinder mit Hundeerfahrung: wenn ja welche?
- → Ersthund:
  - Hündin ____kastriert ____ /intakt ____
  - Rüde ____kastriert ____ /intakt ____
  - Verhält sich dein Ersthund kooperativ?
  - Wobei zeigt er sich problematisch?
  - Kann dein Ersthund sich zurücknehmen, warten und teilen?
- → Hast du Sorge,
  - dass dein Ersthund zu kurz kommen könnte?
  - dass er sich beim neuen Hund anstecken könnte?
  - dass er sich unerwünschte Verhaltensweisen abguckt?
- → Liste auf, was dir dazu einfällt: Welche sozialen Fähigkeiten erwartest du vom neuen Hund?
- → Welche Werte sind dir wichtig und wie vermittelst du diese deinem neuen Hund?

Wie stellst du dein Umfeld auf den neuen Hund ein? Was darf der Hund vom Umfeld erwarten?

☐ **Ja** ☐ **Nein**

7. ERFAHRUNG

- → Hattest oder hast du bereits Hunde und wenn ja, welche?
- → Konntest du praktische Erfahrungen sammeln, z. B. beim Engagement im Tierheim?
- → Wieso meinst du für einen Hund aus dem Tierschutz geeignet zu sein? Was ist deine Motivation?
- → Suchst du nach einem „normalen Haushund" oder reizt dich der ursprüngliche, nicht in die Norm passende Typ Hund?

Was darf und kann dein Hund von dir erwarten?

____

____

____

____

Manchmal macht auch beides Sinn: Halsband und Geschirr.

DIE AUSSTATTUNG: WIE VIEL LUXUS BRAUCHT DER HUND

Hunde brauchen nicht viel, um glücklich zu sein. Im Gegenteil: ein zu großes Angebot an Spiel- und Kauartikeln überfordert auch den Vierbeiner aus dem Tierschutz. Es lässt ihn je nach Veranlagung rast- und ruhelos werden und statt einfach mal nichts zu tun, möchte er ständig beschäftigt sein. Hunde haben auch keinen Sinn für Modetrends, brauchen weder Bademantel noch Schlafanzug und auch kein teures Designerbett.
Im Augenblick der Unachtsamkeit zerstört der Junghund die teure Ausstattung genauso schnell, wie die preisgünstige aus dem Discounter. Weniger ist mehr und so reicht für die Grundausstattung ein Hundebett, ein Halsband und eine Leine, die allesamt größentechnisch gut auf den Hund angepasst werden sollten. Es braucht ein gutes Futter, am besten eines, dass der Hund bereits kennt und gut verträgt und ganz wichtig: Wasser sollte immer zur Verfügung stehen.

Mit diesen Fragen lässt sich die Grundausstattung weiter spezifizieren:

— Welches Hundefutter, Nass-, Trockenfutter oder BARF?
— Braucht der Hund Medikamente und werden diese ausreichend mitgegeben?
— Reicht ein einfaches Hundebett oder

braucht der vielleicht schon ältere Hund eine orthopädische Matratze?
- Ist zusätzlich eine Box notwendig (siehe Seite 186)?
- Ist ein Sicherheitsgeschirr erforderlich oder reicht ein einfaches Halsband (siehe Seite 109)?
- Braucht der Hund eine Haus- und/oder eine Schleppleine (siehe Seite 110 ff.)
- Ist ein Mantel nötig (siehe Seite 118)?

Bei der Beantwortung dieser Fragen ist es von Vorteil, wenn der Hund von einer Pflegestelle oder aus dem Tierheim übernommen wird. Die Betreuenden kennen die Bedürfnisse ihrer Schützlinge und gerade die Pflegestellen haben die Hunde im häuslichen Alltag erlebt. Sie wissen auch, wann die letzte Wurmkur und Zeckenprophylaxe gegeben wurde und wann die nächste Impfung fällig ist. Auf diese Weise kannst du alle Besorgungen ganz gezielt und passend auf deinen Schützling abstimmen – und wenn es dann endlich so weit ist, ist alles bestens für das neue Familienmitglied vorbereitet.

HALSBAND ODER GESCHIRR?

Eigentlich ist die Frage nach Halsband oder Geschirr schnell beantwortet: Nutze bitte einfach das, womit du und dein Hund besser zurechtkommen. Treten aber Probleme bei der Führung auf, dann gilt es, die Wahl zu überprüfen.
Zeigt dein Hund Panik, oder starkes Meide- und Fluchtverhalten, dann ist ein Sicherheitsgeschirr unabdingbar und zusätzlich muss er mit einer weiteren Leine **doppelt gesichert** am Gürtel befestigt werden. Denn das bestsitzende Geschirr nützt nichts, wenn dir der Hund in seiner Panik die Leine aus der Hand reißt. Sobald er beginnt, mehr und mehr Zutrauen zu fassen, solltest du zum normalen Geschirr oder noch besser zum Halsband überwechseln. Denn je weniger der Hund anhat, desto freier kann er sich bewegen.
Ursula schreibt: „Mein Dreibein Herr Rossi, ein extrem skeptischer Hund, trug in der Eingliederungsphase noch das Sicherheitsgeschirr, aber er verweigerte die Kooperation, bockte und wollte keinen Schritt laufen. Ich wechselte zum Zugstoppband, damit lief er viel freier und zufriedener. Ich möchte nicht zur Leichtfertigkeit aufrufen, aber auch ein Überbehüten tut nicht gut und deswegen tragen meine Pflegehunde nur dann ein Sicherheitsgeschirr, wenn das Verhalten des Hundes dies erfordert."
Bei Zweifeln ist es jedoch unbedingt ratsam, den Hund einmal mehr als einmal zu wenig zu sichern.
Nicht alle Hunde, die über den Tierschutz kommen sind traumatisiert oder ängstlich. Der intakte Labradorrüde Bruno zum Beispiel, verlor seine Familie und wurde mit Geschirr und Rollleine abgegeben. Er war sehr aufgeschlossen und äußerst selbstbewusst. Er kannte alles und jeden, nur keine Grenzen. Bruno brauchte dringend klare Führung und die lässt sich nur übers Halsband und mit einer kurzen Führleine leisten. Ein Geschirr kann man on top zum Band nutzen, um den Hund zusätzlich greifen zu können. Aber allein verwendet, hebelt es den Hund aus der Mitte des Rückens heraus hoch und lässt ihn orientierungslos kreiseln, während sich über das Halsband die Bewegungsrichtung und auch die zulässige Energie klar vorgeben und begrenzen lassen. **Unser Tipp:** Achte bei der Auswahl von Halsband und Geschirr nicht auf modische Komponenten, sondern darauf, womit du und dein Hund, womit ihr als Team gut zurechtkommt. **Bei einem Hund mit Meide- oder Fluchttendenzen ist ein Sicherheitsgeschirr zwingend erforderlich.**

Das Geschirr kann ein Hilfsmittel sein …

… den Hund seitlich an sich auszurichten.

DIE LEINE

Die Leine hilft deinem Hund, sich in einer für ihn noch fremden Welt an dir zu orientieren. Dein Schützling kennt dich noch nicht, weiß noch nicht, dass er sich an dir ausrichten und orientieren soll. Er hat eventuell Sorge vor unbekannten Bodenbelägen, Treppen oder einer Statue im Garten und sieht Flucht als einzige Strategie. Oder aber er ist temperamentvoll, auf- oder überdreht und findet so gar keine Ruhe. Die Leine macht ein In-Kontakt-Treten und In-Kontakt-Bleiben möglich und legt damit den Grundstein für eure Mensch-Hund-Beziehung. Sie hält den Hund im Nahbereich und ermöglicht es, unaufgeregt Einfluss auf sein Verhalten zu nehmen.

Deswegen sollte ein …
— flüchtender, meidender Hund
— abschnappender, skeptischer Hund und ein
— freundlicher, aber temperamentvoll distanzloser Hund

… nicht nur auf dem Spaziergang, sondern auch im häuslichen Umfeld vorerst an der Leine bleiben. Die Begrenzung der Leine schafft Raum (siehe Seite 134f.) und gibt Halt, dem „Angsthund" genauso wie dem hyperaktiven – überhaupt jedem Hund. Hilfsmittel wie GPS-Tracker (siehe Kasten) können zusätzlich genutzt werden. Der Tracker übernimmt jedoch nicht die Verantwortung, also Anleitung und Schutz, sondern ortet lediglich den Laufweg beziehungsweise den Standort des Hundes. **Unser Tipp:** Verlasse dich also besser nicht auf die Technik, sondern auf dich selbst und auf das, was ihr, dein Hund und du, leisten

01

01 *Eine doppelten Halsung verteilt den Zug auf mehrere Wirbel. So lassen sich feine Impulse setzen und der Hund bleibt besser ansprechbar.*

02 *Ein GPS-Tracker ist ein hilfreiches Tool. Es übernimmt jedoch keine Verantwortung für den freilaufenden Hund.*

könnt. Die Leine kann immer erst dann gelöst werden, wenn dein Hund aufgeschlossenen, ansprechbar und zu stoppen ist und sich bereitwillig an dir, seiner Bezugsperson, orientiert.

WAS IST EIN GPS-TRACKER FÜR HUNDE?

GPS-Tracker sind kleine Ortungsgeräte, die am Halsband oder Geschirr befestigt werden. Sie enthalten eine SIM-Karte und man schließt ein Abo für sie ab. Auf einem mobilen Gerät wie Smartphone oder Tablet lässt sich dann mithilfe einer zugehörigen App der Live-Standort des Hundes ermitteln. Sie bieten – je nach Hersteller und Abomodell – eine weltweite Abdeckung.

02

Ein Sicherheitsgeschirr ist ausbruchsicher. Es geht bis zu den letzten Rippen und ein weiterer Bauchgurt gibt zusätzlichen Halt.

DIE ROLLLEINE

Bei einer Rollleine hält der Hundehaltende ein Griffstück aus Plastik in der Hand, in dem eine bis zu 10 Meter lange Hundeleine aufgerollt ist. Zieht der Hund nun nach vorn, rollt er die auf Spannung stehende Leine automatisch ab. Das heißt je mehr er zieht, desto größer wird die Distanz zum Haltenden. Im Griffstück sitzt eine Spule, deren Feder die Leine bei nachlassendem Zug automatisch wieder einrollt. Das Material der Leinenschnur ist leicht, jedoch äußerst reißfest, damit die fast unsichtbare Schnur auch stärkerem Zug standhält.

Auf den ersten Blick erscheint das viel praktischer als eine Schleppleine, aber sowohl Leinenmaterial wie Griffstück bergen hohe Verletzungsrisiken. Die langen dünnen Leinen werden so gut wie nicht gesehen und können so zu gefährlichen Stolperfallen werden. Verletzungsgefahr besteht auch, wenn sich Hunde gegen die Begrenzung der Leine wehren und sich durch Wälzen oder Wegspringen versuchen zu entziehen. Die Rollleine kann sich dabei um den Körper, die empfindlichen Beine oder den Hals des Hundes schlingen und zu schmerzhaften Verbrennungen und tiefen Schnittwunden führen.

Ursula warnt: „Ich habe es schon erlebt, dass ein Windhund unter einer Rollleine durchrannte und ihm dabei das komplette Rückenfell abgezogen wurde."

Fällt Hundehaltenden das Griffstück aus der Hand, dann erschreckt sich der Hund, springt weg und das Griffstück donnert furchterregend laut hinter ihm her. Im schlimmsten Fall gerät der Hund dabei in Panik und rennt kopflos um sein Leben.

Unser Tipp: Die Rollleine nur dann nutzen, wenn der Hund die Leine als Grenze akzeptiert und er so viel Vertrauen hat, dass Flucht für ihn absolut keine Option mehr ist. Zusätzlich kann man zur Sicherheit das Griffstück so durch eine Umhängeleine ziehen, dass es am Körper gesichert ist und nicht auf den Boden fallen kann.

DIE SCHLEPPLEINE

Eine Schleppleine bietet dem Hund mehr Bewegungsfreiheit. Mit dieser Freiheit muss der Hund allerdings bereits umgehen können und das ist in der Anfangszeit meist noch nicht möglich. Ursula rät: „Wenn dein Hund sich noch nicht zuverlässig ansprechen lässt, sollte die Schleppleine nicht länger als 5 Meter sein und von dir aktiv geführt werden. Dabei hältst du sie auf leichter Spannung, zeitgleich achtest du auf die Einhaltung der Regeln, zum Beispiel, dass dein Hund dich nicht von den Beinen zieht. Je besser du Einfluss auf das Verhalten deines Hundes nehmen kannst, desto mehr Leine kannst du zur Verfügung stellen und desto lockerer darf sie durchhängen!"

01 Aufgeregt erkundet die kleine Sarah mit Ursula die noch ungewohnte Umgebung. Für sie ist alles neu, auch die Begrenzung durch die Leine.

02 Die Schleppleine aktiv zu führen, bedeutet mit dem Hund im Gespräch zu bleiben.

01

02

01

BETT ODER BOX: ZUR RUHE KOMMEN

Je nach Gebiet ist für Hunde im Ausland das Leben auf der Straße alles andere als sicher. Die Straßenhunde dösen scheinbar gechillt, doch oft trügt hier der Schein. Die meisten sind ständig in Bewegung, suchen sich für den Schlaf geeignete Verstecke und ruhen auch dort nur flüchtig. Der mangelnde Schlaf führt dazu, dass sich der Cortisolspiegel nicht senken kann. Die Hunde stehen permanent unter Stress und sind dadurch krankheitsanfälliger. Im sicheren Umfeld fallen Hunde recht schnell in den Tiefschlaf. Die Muskulatur entspannt sich und Blutdruck, Kreislauf und auch das Stresshormon Cortisol sinken. In dieser Phase erholt sich der Körper und das Immunsystem wird gestärkt. Schlafend wird Erlerntes verarbeitet, Gelerntes abgespeichert und regeneriert. Die Ruhefindung ist also rasseübergreifend für alle Hunde ein Grundbedürfnis – egal ob das neue Familienmitglied nun aus dem In- oder Ausland kommt. Ursula beschreibt Beispiele aus ihrem Alltag mit den Hunden: „Ich nutze gern Kudden aus Lederimitat, denn sie lassen sich gut säubern. Hunde, die es gern weich und kuschelig mögen nutzen vorzugsweise plüschige Betten. Manchmal teilen sich mehrere Hunde einen Schlafplatz und das, obwohl das Bett daneben frei ist. Nehme ich Hunde mit Verhaltensauffälligkeiten auf, wie zum Beispiel extreme Verunsicherung, Nervosität oder Unruhe bis hin zur Hyperaktivität, dann ist er von der Situation und den vielen

03

02

Alternativen überfordert und nicht mehr in der Lage, selbst zur Ruhe zu kommen. Hier biete ich Boxen zur Ruhefindung an, denn solche Höhlen sind für unsichere genauso wie für hyperaktive Hunde ein beliebter Rückzugsort. Diese Hunde brauchen feste Ruhephasen und gleichmäßige Tagesabläufe (siehe Seite 170)."

01 Kudden lassen sich gut reinigen. Zusätzlich eine kuschelige Decke reinlegen, die lässt sich auch schön zurecht scharren.

02 Jule kommt im Büro gut zur Ruhe – ein aktiverer Hund braucht dafür ggf. eine Box.

03 „From street life to sweet life". Nicht nur der Galgo Español liebt Schlafkomfort und ruht gern erhöht.

TIPPS ZUM RUHEPLATZ

— Das Hundebett sollte nicht im Durchgang stehen.
— Bodenkälte und Zugluft müssen vermieden werden.
— Der Schlafplatz sollte ein Rückzugsort sein, hier wird der Hund nicht gestört.
— Je mehr Schlafplätze desto mehr Diskussion: ein bis zwei Schlafplätze reichen aus.
— Hunde lieben es, wenn ihr Schlafplatz einen Rand hat, und es sollte eine Decke geben, die sich zurecht scharren lässt.
— Das Hundebett kann eher zu klein als zu groß sein, denn Hunde lieben es sich in kleine Körbe einzukuscheln.
— Ein Sofa muss immer mit dem Umfeld geteilt werden. Es ersetzt daher nicht das eigene Hundebett.
— Nervöse, ängstliche und hyperaktive Hunde brauchen für die Ruhephasen feste Ruhebereiche. Hilfsmittel: Hundebox oder Hausleine (siehe Seite 182).

Auch für den Outdoorbereich/Garten gibt es wetterfeste Hundebetten.

DER MAULKORB

Heutzutage gehören Maulkörbe zum Alltagsbild und werden in verschiedenen Varianten und Farben aus den unterschiedlichsten Gründen von Hunden getragen. Zum Beispiel rassebedingt durch die Auflagen der Gefährlichkeitseinstufung des jeweiligen Bundelandes oder auch ganz simpel, um die Aufnahme von Giftködern oder Essensresten zu verhindern. Jeder Hund kann also zum Maulkorbträger werden und signalisiert dadurch nicht automatisch Aggressivität. **Eine gute Beratung beim Kauf eines Maulkorbs ist Pflicht.** Ein genau angepasster Korb sitzt so perfekt, dass er vom Hund nicht abgestreift werden kann. Er hat zusätzlich einen Kopf- oder Kinnriemen, um das Verrutschen zu verhindern. Der Maulkorb ist keine Strafmaßnahme, sondern ein sinnvolles Hilfsmittel und sein Einsatz muss dem Umfeld genauso wenig erklärt werden, wie der Gebrauch eines Wintermantels. Er ist nicht die Lösung für alle Probleme, aber er nimmt Sorge und Stress aus angespannten Situationen. So ermöglicht er allen Beteiligten die nötige Gelassenheit, um zu einem sicheren und normalen Miteinander zu finden.

Im Kennenlernprozess und dem sich daran anschließenden Alltag sollte es darum gehen, die eigene klare Führung und zeitgleich die sozialen Kompetenzen des Hundes zu schulen, um zumindest im privaten Umfeld im Lauf der Zeit auf den Korb verzichten zu können. Hunde, die weder kritik- noch konfliktfähig sind und eine hohe Beißbereitschaft mit Beschädigungsabsicht zeigen, gehören nicht in private Haushalte, sondern in professionelle Hand, denn das Umfeld darf niemals gefährdet werden. Vor allem Kinder, auch die aus der Nachbarschaft, müssen immer geschützt werden. **Denn Achtung: auch mit Korb kann der Hund einem Schmerzen zufügen und ordentlich blaue Flecken verursachen.**

01

02

01 Anfangs gibt man dem Hund Leckerlis durch den Korb. Bitte auf die richtige Größe achten: Dieser Maulkorb ist zu klein.

02 Ein Maulkorb muss dem Hund die Möglichkeit geben zu hecheln und auch zu gähnen.

Unser Tipp: Für die Maulkorbgewöhnung sollten mindestens zwei Wochen eingerechnet werden. Beim ersten Anprobieren nimmt der Hund Leckerchen aus dem Korb, ohne dass dieser aktiv aufgesetzt oder geschlossen wird. Der Hund sollte das freiwillig und gern tun. Beim An- bzw. Aufziehen wird der Hund mit der Leine in der Situation gehalten. Das sollte alles stressfrei und mit Ruhe einhergehen. Das Schließen des Maulkorbes ist erst ein kurzer Moment, die Tragedauer wird täglich gesteigert und mit dem Anleinen verbunden. Letztlich verbindet der Hund mit dem Maulkorb den Spaziergang, also gemeinsame Abenteuer und Spaß.

ANFORDERUNGEN AN DEN MAULKORB

Die Wahl des Maulkorbes hängt stark vom Zweck ab, den er erfüllen soll. Bei einem Hund, der unterwegs kein unerwünschtes Essen aufnehmen soll, reicht ein leichter Kunststoffmaulkorb.

Grundsätzlich gilt:
Je stärker die Beißkraft des Hundes, desto stabiler muss der Maulkorb sein – bei einem Hund mit fehlender Beißhemmung sollte deswegen immer ein Metallmaulkorb verwendet werden.

— Der Korb sollte leicht, aber stabil sein und keine scharfen Kanten haben.
— Der Hund muss problemlos hecheln und trinken können.
— Die Auflagefläche auf dem Nasenrücken sollte gepolstert sein.
— Es muss eine freie Sicht gewährleistet sein.

Wichtig! Nylonschlaufen sind nur für den Tierarztbesuch geeignet und keinesfalls zum Dauertragen. Der Hund kann damit nicht hecheln und das kann im Sommer lebensgefährlich werden.

DER HUNDEMANTEL

Unsere Hunde nehmen am Familienleben teil und wohnen mit uns in gut isolierten und im Winter gut geheizten Wohnungen bei einer Zimmertemperatur von durchschnittlich 22 Grad. Verlässt der Hund in den Wintermonaten das Haus, kann ein Mantel den Temperaturunterschied auffangen und als funktionaler Schutz vor Kälte und Regen dienen. Gerade für die aus ursprünglich wärmeren Regionen frisch eingereisten Hunde, eventuell mit noch schwachem Immunsystem, oder die Handicaphunde und Senioren aus dem Tierschutz, die aufgrund mangelnder Versorgung oft bereits arthrosegeplagt sind. Denn bei einem unterkühlten schon älteren oder laufschwachen Hund kommt der Stoffwechsel nur schlecht wieder in Schwung – die Muskulatur muss aber warm und geschmeidig und das Gewebe elastisch gehalten werden. Aber auch Hunde mit Rückenproblemen (Spondylosen) und Neigung zu Harnwegsinfekten hältst du auf den Spaziergängen warm eingepackt mit einem Mantel länger vital und kannst Schmerzen minimieren. Ursula erzählt: „Es gibt einige Hunde die muss man erst vom Mantel überzeugen. Jule zum Beispiel, ursprünglich aus Sri Lanka, findet Kleidung völlig überflüssig. Wenn es aber richtig kalt ist, dann streckt sie die Nase zur Tür, schaut mich fordernd an und geht erst raus, wenn ich ihr einen Mantel überziehe. Auch Hunde frieren und Vizsla Lotta signalisiert mir dies, indem sie die Nacken- und manchmal auch die komplette Rückenhaarpartie aufstellt, vergleichbar mit unserer Gänsehaut." Wenn du das vielleicht auch schon mal beobachtet hast, dann sollte dein Hund unbedingt einen Mantel tragen dürfen. Aber welcher ist nun der richtige Mantel? Das Angebot ist vielfältig und geht vom sportlichen bis hin zum modischen Hingucker. Leider sitzen viele der angebotenen Artikel nicht gut, verrutschen und wärmen

01

02

03

04

01 *So ein Loop wärmt und lässt sich bei starkem Wind sogar über die Ohren ziehen.*

02 *Wichtig: Komfort und Bewegungsfreiheit.*

03 *Selbstgenähte Mäntel lassen sich auf die Bedürfnisse des Hundes schneidern.*

04 *Bei Regen funktional und doch kuschelig.*

nicht ausreichend. Der Mantel sollte, mehr als nur ein Modeprodukt, und im Gebrauch immer funktional und zweckmäßig, sein. **Unser Tipp:** Den Hund mitnehmen und den Mantel anprobieren. Kleine Hundeboutiquen haben oft eine große und auch qualitativ hochwertige Auswahl. Beim Hundemantel ist genauso wie bei unserer Kleidung das Material wichtig, deswegen hat eine gute Qualität auch ihren Preis.

BEIM KAUF BEACHTEN

Material Der Mantel sollte aus wind- und wasserabweisendem, robustem und elastischem Stoff sein und auf keinen Fall knistern oder rascheln. Empfehlenswert ist auch gut zu waschendes und schnell trocknendes Material. Fleece ist zum Beispiel kuschelig warm und bequem. Achte darauf, dass sich der Mantel beim An- und Ausziehen nicht statisch auflädt, denn das kann sehr unangenehm für deinen Hund sein.
Tragekomfort Der Mantel sollte angenehm leicht zu tragen sein und ausreichend Bewegungsfreiheit gewährleisten. Lass deinen Hund ein paar Meter mit dem Mantel laufen und achte dabei darauf, dass er nicht an den Beinen, an Brust oder Bauch scheuert. Beinschlaufen sollen laut Hersteller für Halt sorgen, werden von den Hunden aber häufig als unangenehm empfunden. Zusätzlich leiern sie aus und hängen störend herunter.
Unser Tipp: Seitlich am Mantel, jeweils links und rechts, einen Druckknopf anbringen und daran mit dem entsprechenden Druckknopf der Bauchlasche den Mantel arretieren.
Schnitt Der Mantel sollte generell die empfindliche Rücken- und Nierenpartie schützend abdecken. Eine breite Bauchlasche wiederum schützt Hunde mit nackigem Bauch. Bei bodennahen Hunden sollte diese aus wasserfestem Material bestehen und gut anliegen. Aussparungen für die Leine müssen so angelegt sein, dass kein Wasser bei Regen auf den Rücken durchtropft. Damit die hockende Hündin sich beim Urinieren nicht einnässt, darf der Mantel seitlich nicht zu tief herunterhängen. Bei Rüden wiederum sollte darauf geachtet werden, dass die Bauchlasche beim Markieren nicht im Weg ist. Kapuzen und Co sind überflüssig, sie fallen über Augen und Ohren und beeinträchtigen dadurch die Sinneswahrnehmung.
Funktionalität Der Mantel sollte einfach an- und auszuziehen sein. Reißverschlüsse sind unpraktisch, denn sie klemmen Fell und Haut ein und werden durch Sand und Dreck schnell schwergängig. Die Mäntel sollten übergeworfen werden können, damit der Hund sich nicht durch enge Bein- und Kopföffnungen zwängen muss. Klettverschlüsse sind schnell geöffnet und geschlossen, müssen aber genau wie alle anderen Verschlüsse, von guter Qualität sein.
Unser Tipp: Ein zusätzlicher Rundschal sorgt für einen warmen Hals. So ein Schal kann solo getragen werden, lässt sich aber auch an jeden Mantel annähen und sorgt zusätzlich für Wärme und Halt.

EINGEWÖHNUNG UND ERZIEHUNG

DAS ERSTE TREFFEN

Welpen oder freundlich aufgeschlossene Hunde machen den Interessent:innen das erste Treffen leicht. Die skeptischen, schüchternen oder gegenüber Fremden aggressiven Hunde verhalten sich bei den ersten Treffen mit ihren neuen Menschen dagegen erstmal ablehnend. Ursula erzählt: „Celeste, die jetzt Wanja heißt, war Fremden gegenüber sehr distanziert. Trotzdem haben sich Bettina und Andreas für sie entschieden. Sie sind meinem Rat gefolgt und haben Wanja nicht unter Druck gesetzt und von selbst auf sie zukommen lassen. Ihre Ersthündin Luba war dabei wie eine Brücke zwischen Wanja und ihren frischgebackenen ‚Eltern'. Mittlerweile ist noch eine weitere Hündin eingezogen und die Familie agiert als komplett aufeinander abgestimmtes Team."
Trotz Aufregung und Emotionen, solltest du dem neuen Hund also gelassen gegenübertreten und ihm Zeit geben, damit er sich ohne Erwartungsdruck auf dich einstellen kann. Wenn bei dir bereits ein Hund lebt, sollte dieser unbedingt zum Kennenlerntermin mitgebracht werden. Erwarte jedoch nicht zu viel, denn Hunde sind im

01

02

03

Erstkontakt oft zurückhaltend oder auch abwehrend. Gerade die erfahrenen, älteren Hunde bleiben vielleicht starr stehen oder bewegen sich im Kreis und weichen dem anderen aus, anstatt direkt freudig auf ihn zuzugehen. Sei nicht enttäuscht, wenn dein Hund den Kopf wegdreht. Er nimmt damit Präsenz aus der Situation, sendet beschwichtigende Signale und gestaltet die Kontaktaufnahme deeskalierend. Die Art wie Hunde sich selbst präsentieren, Raum einnehmen und freigeben, sich groß oder klein machen, rumtippeln oder standfest stehen, sind hündische Kommunikationsprozesse. Besonders bei lebhaften Hunden, die gern Energie aufnehmen und distanzloses Verhalten zeigen, sollte man die unterschiedlichen Temperamente beachten und die Begegnung über die Leine regulieren. Denn Hunde werden untereinander deutlich beim Abwehrverhalten und nutzen auch aggressive Verhaltensweisen. Gemeinsame Spaziergänge sind eine perfekte Möglichkeit, um sich mit dem Hund weiter bekannt zu machen. Der Gang durch die Natur und das gemeinsame Laufen verbindet. Es bringt alle ein Stück näher zusammen, entspannt Mensch und Hund(e) und ermöglicht Normalität für alle Beteiligten.

VON DER PFLEGESTELLE INS NEUE ZUHAUSE

Vor 25 Jahren wurde man bei Aufnahme eines Pflegehundes noch als verrückt beschrieben, denn dafür waren doch Tierheime zuständig. Aber über den Auslandtierschutz haben sich die Pflegestellen etabliert und unterstützen seitdem auch deutsche Tierheime. Ursula erzählt: „Seit meinen Anfängen im Tierschutz nehme ich vor allem die hilfsbedürftigen Hunde auf. Lohn gibt es dafür nicht, aber Hunden und ihren Menschen zu helfen macht einfach glücklich. Das ‚Loslassen können' gehört zur verantwortungsvollen Pflegestellenarbeit dazu, aber glaub mir, es wird mit den Jahren nicht einfacher. Ich begleite alle diese Pflegehunde ein Stück auf ihrem Weg zum geliebten Familienhund. Wir teilen den Alltag und verbringen eine intensive Zeit miteinander. Bis heute bin ich bei jeder Vermittlung genauso aufgeregt, wie die werdenden Hundeeltern und packe zum Auszug jeweils kleine Pakete, zum Beispiel mit Lieblingsspielzeug, speziellem Futter oder auch Medikamenten. Es gibt noch einen kleinen Tagesplan dazu und dann heißt es Abschied nehmen: der Tag ist gekommen, an dem mein Schützling mich, seine Pflegemama, verlässt. Jeder Hund, der sein Köfferchen packt und auszieht, nimmt ein Stück von meinem Herzen mit. Und während ich mir noch die Tränen wegwische, ist die neue Familie bereits voller Vorfreude und glücklich, den neuen Hund in ihrem Leben willkommen zu heißen. Nichts ist schöner und trauriger zugleich!"

01 – 03
Chupi (links) fordert deutlich Abstand ein. Hat sie die Neue erstmal kennengelernt und erfahren, dass ihre Grenzsetzung respektiert wird, legt sich auch ihre anfängliche Ablehnung.

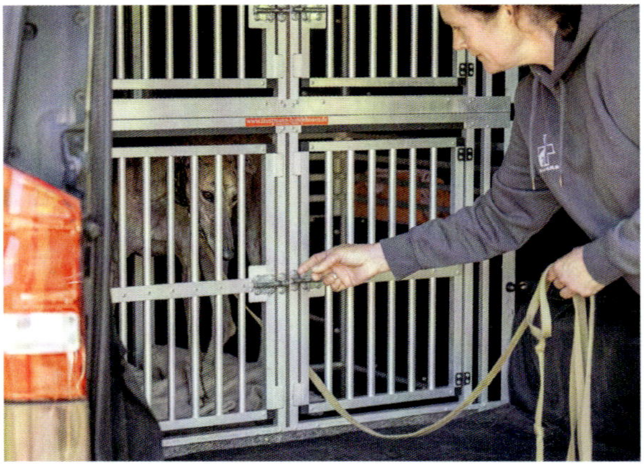

01

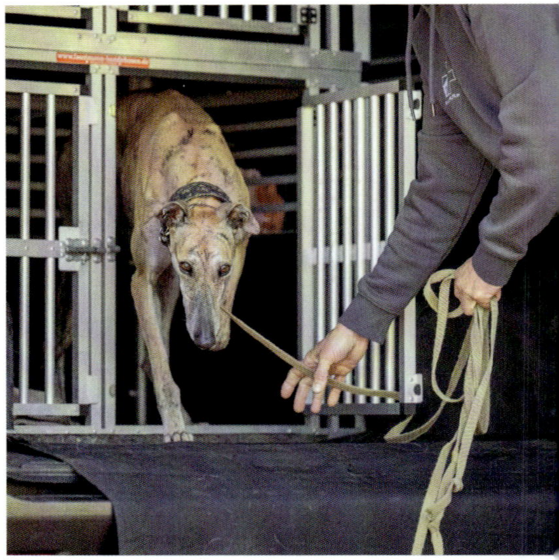

02

DIE HEIMFAHRT

Alles ist bereit, der große Tag des Umzugs ist endlich da. Trotz aller Freude und dem Wunsch, den Hund nun in den Arm schließen zu können, darf die Freude der Sicherheit nicht den Rang ablaufen. Der frisch adoptierte Hund sollte ein Zugstopphalsband oder, je nachdem wie scheu und unsicher er ist, zusätzlich ein Sicherheitsgeschirr tragen. Denn aus Halsbändern und auch aus einem normalen Geschirr, können sich die Hunde herausziehen (siehe Seite 109).

Der nun folgende Rat ist zugegeben sehr unromantisch, aber am sichersten fährt der Hund im Heckbereich des Autos mit. Entweder in einer Alubox oder aber hinter einem extra verschraubten, stabilen Trenngitter. Stoffboxen und auch Autogeschirre mit den entsprechenden Anschnallgurten halten einem Unfall nicht stand und der Hund wird beim Aufprall durchs Fahrzeug geschleudert. So viel zur Vernunft, aber Hunde sind Lebewesen, die sich nicht immer an vernünftige und durchdachte Strukturen halten können.

Ursula erinnert sich: „Meinen ersten Pflegehund Figo, einen fünf Monate jungen Galgo-Español-Mix, haben wir in Heidelberg abgeholt. Das sind bis nach Düsseldorf gute drei Stunden Fahrt. Ich hatte Figo ordnungsgemäß im Auto verfrachtet und schnell wurde klar, das geht so nicht. Figo beschwerte sich nicht einfach nur über starkes Bellen und Heulen, er hatte echte Panik. Erst dachte ich, es läge an der Box, denn manche Hunde ertragen die Enge nicht. Aber auch außerhalb der Box steigerte er sich immer mehr in sein Verhalten rein. Ich holte ihn schließlich nach vorn und legte ihn zu mir in den Beifahrer-Fußraum. Auch dann heulte er immer wieder auf, aber hier konnte ich ihn wenigstens beruhigen. Bei Recherchen nach seiner Herkunft erfuhr ich, dass er aus Sorge vor Diebstahl im Katzenhaus ver-

TRANSPORT UND ANKUNFT

- Fahrt in einer Auto-Hundebox mit „Airbag Funktion", einer Alu-Autobox oder hinter einem Trenngitter
- Vor dem Öffnen der Autotür den Hund im Fahrzeuginnenraum anleinen
- In Ruhe das neue Umfeld gemeinsam erkunden

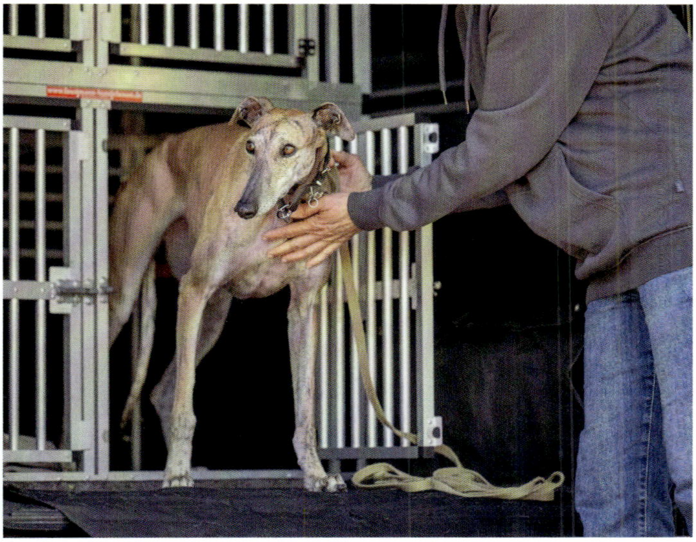

03

01 Leine aus der Box hängen lassen und VOR dem Öffnen der Boxentür (oder des Kofferraums) aufnehmen und gut festhalten.

02 Tür öffnen, Leine straffen und den Hund hinauslassen. Die kurze Leine soll ihn davon abhalten rauszustürmen.

03 Den Hund direkt nach Austritt bzw. nach Öffnen der Tür stoppen und ruhig halten. Erst wenn die Ruhe beim Hund ankommt, geht's weiter.

04 Leine sicher halten und Hund rausspringen lassen. Ein Hund, der panisch reagiert, muss schon ***vorab*** *ein Sicherheitsgeschirr tragen.*

steckt wurde. Die Katzen störten permanent seinen Schlaf und daraus hat sich schließlich eine Schlafstörung entwickelt. Auf dieser langen Fahrt brauchte er meine Nähe. Zu Hause konnte ich dann in aller Ruhe die Box als seinen ganz persönlichen Wohlfühlort etablieren."

WIE SOLL DAS NEUE FAMILIENMITGLIED HEISSEN?

Nicht immer klingt der Name des aufgenommenen Hundes für einen selbst passend. Beim Welpen stellt sich die Frage nicht, aber lassen sich ältere Hunde noch an einen neuen Namen gewöhnen? Unsere Antwort lautet kurz und knapp: ja. Ursula schreibt: „Ich habe das mal selbst ausprobiert und mich beim Umzug in eine andere Stadt meinem neuen Umfeld mit einem komplett anderen Namen vorgestellt. Was soll ich sagen, ich habe darauf gehört, zumindest dann, wenn ich ein Interesse daran hatte, ansprechbar zu sein."

04

Bei Hunden verhält sich das nicht anders. Sie haben sofort raus, dass sie nun mit anderem Namen angesprochen werden. Der neue Name darf komplett anders sein als der alte, muss nicht rein positiv aufgebaut werden und wird vom Hund schnell akzeptiert. Die Namensfindung lässt die ganze Familie kreativ werden. Klingende Namen von Helden, Göttern oder Schauspielern, aber auch Gegenstände oder Lebensmittel werden vorgeschlagen. Angeblich reagieren Hunde am besten auf Namen, die ein oder zwei Silben lang sind. Namen wie „Max" oder „Bella" sollen für den Hund einfach zu erkennen sein. Es wird auch empfohlen, dass die Endung des Hundenamens ein Vokal sein sollte, beispielsweise: „Charly", „Simba" oder „Balou". Sie sind sicher leicht auszusprechen. Ursula meint dazu: „Ich nutze gern kurze Namen, verlängere sie aber gern in mehrsilbige, wenn es mir besonders ernst ist, beispielsweise: ‚Wolfi' und ‚Wolfgang!', ‚Hilde' und ‚Hildegard!'"

Unser Tipp: Entscheidend ist vor allem der Klang des Namens und nicht der Wortinhalt. Dabei spricht sich der Name, der einem selbst zusagt, immer liebevoller aus als einer, der einem nicht gefällt.

GEDULD IN DER EINGEWÖHNUNGSPHASE

Egal ob es sich nun um einen Pflegehund oder um ein neues Familienmitglied handelt: Jeder neue Hund, der ins Haus kommt, bringt erstmal, trotz aller Freude, das bestehende Gefüge und die täglichen Abläufe aus dem Gleichgewicht. Es braucht also anfangs schon etwas Geduld, um sich kennen zu lernen und zu erfahren wie der andere so tickt, um allmählich zusammenzuwachsen. Auch bei der Aufnahme eines Welpen setzt man sich mit der Vorstellung, sofort in perfekter Harmonie leben zu können, nur unnötigem Frust aus.

Unser Tipp: Es sollte eine Eingewöhnungsphase eingeplant werden, damit familieneigene Normen, Regeln und Tagesabläufe vom Hund und allen Familienmitgliedern verinnerlicht und normalisiert werden können (siehe Seite 138). Vor allem wenn Kinder oder weitere Hunde im Haushalt leben, müssen dem neu dazugekommenen Hund Raumvorgaben, insbesondere Individualräume aufgezeigt und von allen respektiert werden. Der **Schlafplatz** beispielsweise, ist immer ein geschützter Bereich, eine Rückzugsmöglichkeit für den Hund – hier hat weder Kind noch ein anderer Hund etwas zu suchen. Dies braucht kein Training, sondern von Anfang an klare Regeln. Erziehung im Alltag, indem du mit deinem Hund normal kommunizierst und ihm mitteilst, was du von ihm erwartest (siehe Seite 170 f.). Die **Leine** ist bei der Eingliederung ein zuverlässiges Hilfsmittel. Darüber nimmst du deinen Hund an die Hand und vermittelst ihm bereits in der Anfangsphase, wie er sich verhalten soll. In der Mehrhundehaltung nutzt du die Leine, um dich als regulierendes Bindeglied zwischen dem ersten und dem neuen Hund zu etablieren. In der neuen Situation positionierst du dich gleich von Beginn an als interessierte Ansprechperson und gibst allen Beteiligten verlässlich Schutz und Anleitung.

ACHTUNG FLUCHTGEFAHR

- Garten-, Balkon- und Haustür geschlossen halten, ggf. abschließen oder Klinke drehen.
- Fenster geschlossen halten oder kippen.
- Zaun prüfen: Hunde buddeln sich auch drunter durch. Ein Maschendrahtzaun ist schnell aufgebissen.
- Vorsicht, Sprunghilfe! Gegenstände, die sich in der Nähe des Zauns befinden, können genutzt werden, um den Zaun zu überwinden.

Offene Fenster bieten die Möglichkeit für unerlaubte Ausflüge und auch für panische Flucht.

Beim Sprung aus dem Fenster oder vom Balkon kann der Hund sich, je nach Sprunghöhe, schwer verletzen.

WER SICH KENNT, KANN SICH VERTRAUEN!

Bei der Einführung des frisch aufgenommenen Hundes, sollte auf einen ruhigen Start geachtet werden. Der Neue sollte zum Beispiel nicht gleich unkontrolliert aus dem Auto springen. Selbst dann nicht, wenn man auf dem eigenen Grundstück parken kann. Besser ist es den Hund anzuleinen, bevor die Autotür geöffnet wird. Die Leine sichert die Verbindung und hält den Ankömmling im Raum und damit im Gespräch.

Sind weitere Hunde im Haushalt, empfehlen wir einen gemeinsamen Spaziergang, denn hier werden auf „neutralem" Boden erste zarte Bande geknüpft. Es wird unterschiedlich intensiv kontaktet, man berührt sich, spürt und beriecht sich. Laute, menschlicher und hündischer Art, werden miteinander ausgetauscht – kurzum: man tritt mit dem Hund in Kontakt und beginnt damit seine ganz individuelle Mensch-Hund-Beziehung.

Nach der Ankunft geht es nun darum, sich erstmal weiter kennen zu lernen, sich im Miteinander zu erfahren, um nach und nach die noch zarte Beziehung zu festigen und zu vertiefen. Dabei sollte darauf geachtet werden, welches Maß an menschlicher Nähe für den Hund angenehm ist. **Achte auf die Signale deines neu aufgenommenen Hundes: Wie reagiert er zum Beispiel auf deine Hand, wenn sie von oben kommt? Weicht er dann aus und wendet den Kopf ab? Dann probiere die Hand von unten anzunähern.** Manche Hunde sind offen und haben keine Probleme mit körperlichem Kontakt, andere sind distanzierter und brauchen mehr Raum für sich.

Sind weitere Hunde im Haushalt und einer der Beteiligten zeigt sich überfordert, verfällt in Panik- oder Angriffsverhalten, sollte die Situation aufgelöst und der Neue aus der Situation genommen werden. Der Ablauf muss dann anders gestaltet werden.

01

02

03

Alle Hundehaltenden entscheiden sich bewusst für die Adoption eines Hundes und treffen die Entscheidung aus vollem Herzen. Für den neu aufgenommenen Hund bedeutet der Umzug aber zunächst eine komplette Umstellung. Er sieht sich mit einem neuen Umfeld, neuen Menschen und gegebenenfalls fremden Hunden, die sich ihm offen oder eventuell auch argwöhnisch vorstellen, konfrontiert.

ANFANGSSCHWIERIGKEITEN

Was aber ist nun zu tun, wenn der frisch adoptierte Hund gar nicht erst aus dem Auto aussteigen will, sich nicht anfassen lassen möchte oder das angebotene Futter nicht fressen mag? Schnell drängen sich Gedanken auf, wie: „er mag uns nicht!" oder „vielleicht passen wir doch nicht zusammen?" **Die beste Strategie ist es, unvoreingenommen mit dem Hund in Kontakt zu treten. Erwartungshaltungen sollten niedrig gehalten und Verhalten, auch wenn es zunächst vielleicht irritiert, nicht persönlich genommen werden. Es finden sich immer Lösungen.** Ursula rät: „Achtung: nicht der neu eingezogene Hund bestimmt das Geschehen, sondern du und dein Alltag. Jeder Hund verhält sich in dieser Anfangsphase unterschiedlich. July zum Beispiel, war eine Hündin mit großen Verlustängsten. Ihre Adoptanten wussten das und stellten sich auf eine schwierige Abnabelungs- bzw. Eingliederungsphase ein. Wie erwartet beklagte die Galga ihren Umzug, kratzte an der Tür und wollte einfach nur weg. Ihre Menschen haben sich täglich mit mir ausgetauscht, nicht aufgegeben und July die nötige Zeit

01 – 03
Achte bei der Kontaktaufnahme auf die Signale deines neu aufgenommenen Hundes. Wie verhält er sich, wenn du ihn von oben oder seitlich berührst?

01

01 Bitte bedenken: Ein Halsband lässt sich niemals so eng schnallen, dass ein Hund (besonders ein Windhund) sich nicht rausziehen kann.

02 Dies ist kein klassisches Sicherheitsgeschirr, es geht aber hinter den Rippenbogen und ist somit ausbruchsicher. Valerie signalisiert jedoch deutliches Unbehagen, das Geschirr sitzt nicht gut und schneidet ein.

03 Mit der Leine am Halsband zeigt Valerie, dass sie sich wohler fühlt. Außerdem kann sie sich besser anschließen, weil die Führung klarer ist.

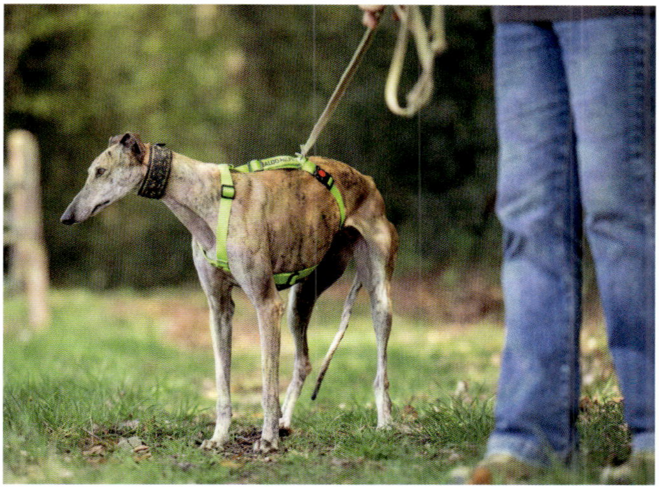

02

03

gegeben, um sich an die neue Situation zu gewöhnen. Sie haben ihr signalisiert, dass sie ihre Bedenken und Sorgen verstehen, sie aber gleichzeitig klar und bestimmt in die neuen Abläufe integriert. Als ich die Familie ein halbes Jahr später bei einem Sommerfest traf, begrüßte July mich nur halbherzig, um sich dann gleich wieder an ihre ‚Eltern' zu heften."
Natürlich ist es schön, wenn die ehemaligen Schützlinge Wiedersehensfreude zeigen, aber wir sollten von den Hunden keine Dankbarkeit erwarten, sondern uns freuen, wenn sie in ihrer Familie angekommen sind. Auch das gehört zu den Aufgaben einer Pflegestelle: loslassen können (siehe Seite 24).

EINGEWÖHNEN STEP BY STEP

- Sich kennen lernen und Beziehung vertiefen.
- Sich gegenseitig wahrnehmen und im Miteinander erfahren.
- Sich riechen, fühlen, spüren, zuhören, verstehen und akzeptieren.
- Respekt zeigen und Respekt einfordern = gegenseitiger Respekt schafft Vertrauen.
- Keine Erwartungshaltung und Verhalten nicht persönlich nehmen.
- Ruhe und Geduld, ohne das Ziel aus den Augen zu verlieren.

PAPIERKRAM

ANMELDEN, HUNDE-STEUER

Wenn du einen Hund adoptieren möchtest, musst du für die Haltung von Hunden ab einer Widerristhöhe von mindestens 40 cm und/oder mindestens 20 kg Körpergewicht einen Sachkundenachweis vorlegen (20/40-Regelung des Landeshundegesetzes). Die Übungsfragen dazu findest du im Internet und den Nachweis kannst du dann zum Beispiel beim Tierarzt oder beim Veterinäramt machen. Wenn du deinen Hund adoptiert hast, musst du diesen dann zeitnah beim Steueramt deiner Gemeinde anmelden. In Deutschland gilt der Hund als „Luxusgut" und darauf müssen Hundehaltende verpflichtend Steuern zahlen. Eine Anmeldung muss in der Gemeinde erfolgen, in der du mit deinem Hund wohnst und eine Abmeldung ist erst dann möglich, wenn der Hund verstirbt. Für Hunderassen, die als gefährlich eingestuft sind, die sogenannten Listenhunde, ist der jährlich zu zahlende Steuertarif meist deutlich erhöht. Die Anmeldung muss nicht persönlich erfolgen, du kannst diese auch online per E-Mail oder auch per Telefon erledigen.

NOTWENDIGE ANGABEN FÜR EINE ANMELDUNG:

— Alter und Rasse
— Datum der Aufnahme
— Sachkundenachweis (siehe oben) oder Haltungserlaubnis bei auffällig gewordenen Hunden oder Listenhunden (siehe Seite 35)
— unterschiedliche Regelung: Vorlage des Personalausweises, der Hundehaftpflichtversicherung
— und der 15-stelligen Transpondernummer des Mikrochips

Bitte beim jeweiligen Bundesland vor Aufnahme eines Hundes Erkundigungen zur Rasse und sonstigen Bestimmungen einholen. Je nach Gemeinde, zum Beispiel in Berlin, Hamburg oder Niedersachsen, musst du deinen Schützling zusätzlich im Hunderegister eintragen lassen. Die Anmeldung zur Hundesteuer ist in der Regel kostenlos, während beim Hunderegister Gebühren anfallen. Versäumst du die Anmeldung, begehst du tatsächlich eine Ordnungswidrigkeit, die mit einer Geldbuße und der Nachzahlung der Steuerversäumnisse einhergehen kann.

In der Regel sind Pflegehunde über den vermittelnden Verein haftpflichtversichert. Das sollte unbedingt vorab geklärt werden.

Unser Tipp: Regelungen von Fristen und Gebühren können je nach Gemeinde variieren. Kläre beim zuständigen Amt deine noch offenen Fragen und melde deinen Hund rechtzeitig an – je eher du die Bürokratie erledigt hast, desto eher kannst du deine Zeit dem neuen Familienmitglied widmen!

HUNDEHALTER-HAFTPFLICHT

Eine Haftpflichtversicherung ist für alle Hundehaltenden empfehlenswert und in vielen Bundesländern sogar Pflicht. Insbesondere für Hunde die unter die 20/40er Regelung fallen, die mehr als 20 kg wiegen und/oder größer als 40 cm sind, oder Hunderassen und deren Mixe, die auf der Liste stehen und auch falls dein Hund als gefährlich eingestuft wird. Aber egal wie groß oder ungefährlich der eigene Hund ist: auch der kleine Chihuahua-Mix kann sich in einem Moment der Unachtsamkeit von der Leine losreißen, auf die Straße laufen und einen Verkehrsunfall verursachen. Eine Hundehalterhaftpflichtversicherung kann dich vor genau solchen und anderen finanziellen Risiken, die der Hund verursacht, schützen. Achte vor Abschluss der Versicherung nicht ausschließlich auf die Beitragskosten, sondern auch auf weitere Punkte wie z. B.: Wie hoch ist die Deckungssumme für Personen- und Sachschäden; was beinhaltet der Leistungsumfang; gibt es eine Selbstbeteiligung oder Risikoklassen? **Unser Tipp:** Auch wenn es mühsam ist, solltest du vor dem Unterschreiben wie immer das Kleingedruckte ausführlich und in Ruhe lesen und gegebenenfalls eine andere Versicherung wählen.

OP- UND KRANKEN-VERSICHERUNG

Die Anpassungen der Gebührenordnung für Tierärzt:innen haben die Kosten für tierärztliche Leistungen in vielen Bereichen drastisch erhöht. Das klassische Vorgehen: „ich lege im Monat mal etwas Geld für Notfälle zur Seite“ reicht unter Umständen nicht mehr aus und mit Erschrecken beobachten wir, dass diese Kostenerhöhungen im Tierschutz bundesweit zu vermehrten Tierabgaben führen. Viele Menschen können sich dringend benötigte Behandlungen, Operationen, den Besuch in der Tierarztpraxis oder -klinik einfach nicht mehr leisten. So kommt es immer häufiger zur „Abgabe aus finanziellen Gründen“.

Um sich eine Vorstellung über die Höhe der Tierarztkosten machen zu können sagt Marina Hinz aus dem Tierheim Dorsten zu den Adoptant:innen: „Tiere sind beim Tierarzt immer Privatpatienten – entsprechend hoch sind die Behandlungskosten.“ Diese kurze und knappe Aussage bringt es einfach auf den Punkt. Daher raten Tierheime und Tierschutzvereine mittlerweile dringend dazu, eine Krankenversicherung für Hunde abzuschließen. Denn einen Hund zu halten bedeutet, auch in Bezug auf seine Gesundheit Verantwortung zu übernehmen. Bei gesundheitlichen Beschwerden, Krankheiten, Vorsorgeuntersuchungen und Operationen sollte die notwendige Behandlung nicht am Geld scheitern.

Bei gesundheitlichen Beschwerden sollte die notwendige Behandlung nicht am Geld scheitern.

Wie bei den Hundehalterhaftpflichtversicherungen (siehe Seite 131) gibt es auch bei den Krankenversicherungen eine enorme Auswahl. Um die für die Bedürfnisse deines Hundes am besten geeignete Versicherungspolice zu finden, lohnt es sich auch hier, verschiedene Anbietende und deren Angebote zu vergleichen und genau zu prüfen, damit unangenehme, teure Überraschungen vermieden werden. Denn manche Angebote schließen zum Beispiel Vorerkrankungen des Hundes aus.

Simone erzählt: „Für meinen damaligen blinden Rüden Jacques schloss ich eine Versicherung mit einer sogenannten 4er-Kombination ab. Der Versicherungsumfang bestand aus: Hunde-OP-Krankenversicherung, Unfall-Krankenhaustagegeld (bei einem Krankenhausaufenthalt meinerseits für die Kostenübernahme zur Versorgung des Hundes), einer Rechtsschutzversicherung und Haftpflichtversicherung für Hundehaltende. Eigentlich ein super Paket. Jacques war ein Labrador-Retriever-Mischling und kam ursprünglich aus Italien. Neben seiner Blindheit hatte er noch eine weitere Baustelle im Gepäck: eine gut verheilte Fraktur im Hinterlauf. Beides Baustellen, die mir bekannt und durch das Engagement der Tierschützenden in Italien und auch hier in

Im Tierschutz warten viele Handicap-Hunde auf eine Adoption. Vor Abschluss einer Krankenversicherung ist es ratsam das Kleingedruckte zu lesen, wie das Beispiel von Jacques zeigt.

Deutschland, gut behandelt waren. Jacques war ca. 7 Jahre alt, als er bei mir einzog und viele Jahre war außer der jährlichen Routineuntersuchung nichts weiter von Nöten. Er war ein Rüde in den ‚besten Jahren', dem man seine Blindheit kaum anmerkte. Sicher, souverän, freundlich. Doch irgendwann stieg sein Augeninnendruck und es war offensichtlich, dass er Schmerzen hatte. Regelmäßig musste er über einen langen Zeitraum beim Spezialisten engmaschig kontrolliert und mit mehreren Augenmedikamenten versorgt werden. Schließlich entschied ich mich auf Anraten des Tierarztes für eine OP, bei der Jacques beide Augen entfernt wurden. Dann etwa anderthalb Jahre später veränderte sich sein Gangbild und auch hier folgte nach vielen Voruntersuchungen eine OP. Beide Operationen, alle begleitenden Behandlungen und auch die Medikamente sind von der Versicherung nicht übernommen worden. Ich hatte mir vor Versicherungsabschluss nicht das Kleingedruckte durchgelesen. Darin stand, dass vor Vertragsabschluss bekannte, vorbehandelte ‚Erkrankungen' vom Versicherungsschutz ausgeschlossen waren, somit also Jacques Augen und sein Hinterlauf. Dumm gelaufen, aber ganz klar meine Schuld."

Unser Tipp: Mach dir die Mühe und lies die Versicherungsbedingungen sorgfältig. Frage bei Unklarheiten direkt beim Anbieter nach und wechsle gegebenenfalls die Versicherung. Dann weißt du auch, was im Ernstfall zuverlässig an Kosten übernommen wird.

RAUMDENKEN© – DIE BASIS

Alle Hundehaltenden sollten sich mit dem Raumdenken© beschäftigen, denn unsere Hunde bewegen sich instinktsicher im „Hier und Jetzt", wissen die Gegenwart in jeder Situation zu nutzen und ihren (Lebens-) Raum für sich zu optimieren. Dem Menschen dagegen gehen zunehmend Instinkte und Bauchgefühl verloren. Dabei ist es ganz einfach: arbeite mit Bildern und betrachte den zur Verfügung stehenden Raum, dein Umfeld, wie einen Behälter: Er kann leer, also frei, oder voll, also besetzt sein.

Das Raumdenken© schafft eine höhere Achtsamkeit – ist hier ausreichend Platz für mich selbst, für meinen Hund und auch für mein Gegenüber? Das bringt auch territoriale Ansprüche mit sich: wieviel Platz darf jeweils beansprucht werden?

Gemeinsame Aktionen verbinden.

»Zusammen wachsen – zusammenwachsen«

Raum wird über Länge, Breite, Tiefe und Höhe begrenzt und über die Erdanziehungskraft (Gravitation) wissen wir, wo unten und wo oben ist. Das hilft uns bei der Orientierung. Im Zusammenleben überprüfen Hunde nichts anderes als unser räumliches Denken und unsere damit verbundenen Kompetenzen – gerade die autarken Straßenhunde oder Hunde mit Verhaltensproblematiken zum Beispiel aufgrund von mangelnder Erziehung, stellen uns dabei tagtäglich auf die Probe. Wer souverän und verlässlich Einfluss auf die räumliche Position seines Gegenübers nehmen kann, der beweist Kompetenz und steigt im sozialen Gefüge. Das Raumdenken© schärft zudem die Sinne und bringt dich zurück zu deinen dir eigenen Fähigkeiten. Im weiteren Verlauf werden wir dir dazu noch Beispiele und Übungen nennen.

SOZIALE ERZIEHUNG

„Mein Hund und ich, wir sind beste Freunde!“ Eine schöne Vorstellung und situativ bestimmt oft zutreffend. Aber ein Hund ist, anders als ein Freund oder eine Freundin, abhängig von uns. Er erwartet Fürsorge, Schutz, Anleitung und Essen. Zieht ein Hund ins Haus, bedeutet das für die frischgebackenen Hundeeltern zeitlebens für genau diesen Hund Verantwortung zu tragen. Entwicklungsprozesse, sich mit dem Hund durch Raum und Zeit zu bewegen, brauchen Engagement und Durchhaltevermögen. Wenn wir uns unserer Verantwortung und der damit verbundenen Führungsaufgabe bewusst sind und bereit, von und mit unserem Hund zu lernen, dann werden wir mit ihm zusammen wachsen und zusammenwachsen!

ERZIEHUNG WIRD GELEBT UND NICHT TRAINIERT

Liebe & Wertschätzung
Jeder Hund ist einzigartig und hat eine eigene Persönlichkeit

Regeln & Strukturen
Ein „Nein“, beziehungsweise eine Begrenzung, wird ruhig und konsequent kommuniziert. Klare Grenzen vermitteln Halt, Sicherheit und Werte.

Verantwortung & Vertrauen
Hunde sollten aus eigenen Erfahrungen und Handlungen lernen dürfen, mitentscheiden und spüren, dass ihnen Verantwortung zugetraut wird.

Fordern & Fördern
An den Hund glauben. Auf Rückschläge folgen Erfolgserlebnisse und die daraus resultierenden Erfahrungen geben Kraft für neue Herausforderungen.

Optimismus & Humor
Gemeinsam Spaß haben verbindet. Es baut emotionale Spannungen, negative Einstellungen und Stress ab. Fröhliche Hunde sind starke Hunde!

GRENZEN SCHAFFEN RAUM

Grenzen schaffen Raum und die dadurch entstehenden Bereiche lassen sich durch das Raumdenken© bildlich darstellen, sie visualisieren also deine Vorstellung. Du legst die Größe des zur Verfügung stehenden Raumes fest. In einem **engen, klein gesteckten Raum** lässt sich (auch gedanklich) von Wand zu Wand fassen, so dass dein Hund schnell und sicher Halt findet. Das entlastet den skeptischen, wie auch den überaktiven Hund. Er kann aufmerksamer zuhören, kann Hilfestellung und Anleitung aufnehmen und umsetzen und so gibt gerade in der Anfangszeit die enge Grenzsetzung dem Hund verstärkt Halt und Struktur. Grenzüberschreitungen werden dabei genauso sichtbar, wie Bedürfnisse und Ansprüche des Hundes. Es liegt an dir zu entscheiden, was zulässig ist und was nicht.

Ein **weiter, groß gesteckter Bereich** gibt weniger Halt, mehr Freiraum und folglich mehr Möglichkeiten sich auszuprobieren. Für die Entwicklung des Hundes ist das wichtig, denn viele Tierschutzhunde kennen das Leben in einem Familienhaushalt nicht. Es birgt aber auch die Gefahr, dass dein Hund sich im Raumangebot verliert und die zu weit gesteckten Grenzen überschreitet. Er kann dann seinen Menschen, also dich als Orientierungsgeber:in, nicht mehr wahrnehmen. Das erschwert die Einflussnahme und macht sie im ungünstigsten Fall sogar unmöglich.

Ein Beispiel Es klingelt an der Haustür. Der frisch adoptierte Hund rennt bellend zur Tür. Versuche, ihn zu greifen und sein Bellen zu unterbinden, arten in einer wilden Jagd um Esstisch und Sofa aus. Mit dem Ergebnis, dass der Hund dich bewegt und zwar nicht nur räumlich, sondern auch emotional. Arbeite in der Anfangszeit mit einer Hausleine, eine leichte am Hund hängende Leine, die du bei Bedarf aufnimmst. Das lässt dich unaufgeregt Einfluss nehmen und Fehlverhalten von Einzug an souverän richtigstellen.

Ein kleiner Raum gibt dem Hund viel Halt und wenig Möglichkeiten für eigene Entscheidungen. Das kann auch beengend wirken.

Ein großer Raum bietet dem Hund wenig Halt und viele Möglichkeiten für eigene Entscheidungen. Das kann auch überfordern.

Es hat geklingelt. Damit der Hund nicht durchs Haus tollt, Leine unaufgeregt aufnehmen, den Hund im Nahbereich halten und ggf. Fehlverhalten richtigstellen.

„WIR KENNEN AUCH EINEN HUNDETRAINER"

Wenn Heike, Leiterin vom Tierheim Bergheim, Interessent:innen auf die Problematik des gewünschten Hundes aufmerksam macht, wird zuweilen mit dem Satz „Wir hatten schon immer Hunde ..." abgewunken. Vermeintliche oder tatsächliche Erfahrung ist das eine, aufmerksames Zuhören und sich Gedanken machen ist uns Tierschützenden noch lieber. Der gute Wille allein und auch der Satz: „Kein Problem, wir kennen da einen Hundetrainer!" reicht nicht aus, denn nicht jeder Hund kann einfach so in jedes Leben „eingepasst" werden. Wir raten dazu, erst einmal Bindung und Vertrauen zum neuen Familienmitglied aufzubauen (siehe Seite 127), bevor ein Dritter von außen „einwirkt". Dann zunächst ohne Hund beim Training zuschauen und prüfen, ob die Vorgehensweise des Hundetrainers oder der -trainerin zum Hund passen und man mit ihr konform geht. Heike berichtet über Hündin Becks, einen Labrador-Shar-Pei-Mischling: „Becks ist optisch ein Labrador, aber charakterlich ein Shar Pei. Mit ihrer Sturheit zieht sie alle Register. Würde die charmante Becks verhaltensmäßig zum Labrador verbogen werden, würde sie daran zerbrechen." So haben alle Hunde ihre Eigenheiten, ob rassebedingt oder angesichts ihres Vorlebens und das ist auch nicht immer optisch sichtbar.

01

02

KOMMUNIKATION

INTERNATIONAL KOMMUNIZIEREN

Bei der Eingliederung des adoptierten Hundes wird die Mensch-Hund-Beziehung über Kommunikation vertieft – aber wie kommuniziert man denn nun mit einem Hund aus dem Auslandstierschutz, „wie soll er mich denn überhaupt verstehen?", wirst du dich fragen. Wir können dich beruhigen, du brauchst weder Spanisch noch Griechisch, Rumänisch & Co. zu lernen. Hunde sind in der Lage, unsere Laute, Bewegungen und auch Intentionen auszuwerten und zu deuten. Es lässt sich nicht, nicht kommunizieren und auch unser Verhalten, gekoppelt an Raum und Zeit, ist Kommunikation. Wir gehen auf den anderen zu, weichen aus oder verharren in der Bewegung. Wir bewegen uns energetisch oder weniger energetisch, wir gestikulieren, sprechen, schauen, fixieren und richten uns im Raum aus. Je bewusster du dir deiner selbst dabei bist und je authentischer du dich gibst, desto genauer sind deine gesendeten Informationen. Ursula beschreibt das mit einem Beispiel aus der Menschenwelt: „Wenn du einem 91-jährigem Japaner in der Bahn deinen Platz anbietest, damit er nicht stehen muss, er aber nur japanisch spricht – und ich gehe jetzt mal davon aus, dass du des Japanischen nicht mächtig bist – dann wird er dich ausreichend verstehen und sich dankbar hinsetzen. Nimmst du nun deinen Hund und sein Raumverhalten genauso wahr, bist du in der Lage zu erkennen, was er dir mitteilt. Nun kommen auch viele Hunde aus dem Tierschutz zu uns, die in ihrem ersten Leben wenig mit Menschen zu tun gehabt haben und nicht wissen, ob sie unseren Angeboten vertrauen können. Ich bleibe bei dem Beispiel mit dem älteren japanischen Herrn in der Bahn: sollte er abwinken, wegschauen oder sich von dir entfernen, ist seine Information international verständlich: „ich möchte mich nicht auf deinen Platz setzen!" Das ausgeschlagene Angebot gilt es nicht zu bewerten, sondern zu respektieren." Hunde sprechen genauso mit uns. Du musst kein Dr. Dolittle sein, um dich mit Hunden aus-

»Verstehen setzt Zuhören voraus!«

03

04

01 Darf ich mich dir nähern? Valerie lässt mich heran kommen.

02 Meine Beine nähern sich nicht weiter, bieten standfest Halt und Orientierung. Ich nehme Einfluss auf die Position im Raum und schiebe Valerie sanft zu mir.

03 Valerie reagiert auf meinen Griff unsicher, friert aber nicht ein und wehrt mich auch nicht ab.

04 Ich halte mit den Beinen meine Position und bewege meinen Körper weiter in Richtung Valerie, die vertrauensvoll meine Nähe zulässt.

zutauschen und darfst dich dabei auch davon frei machen jedes Augenblinzeln, Zungenschlecken, Maulwinkelung und Stirnrunzeln bis ins Detail zu analysieren."
Unser Tipp: Hab keine Sorge vor Verständigungsfehlern, denn sie gehören zur Kommunikation, genauso wie die Konflikte zur Harmonie. Agiere authentisch und interessiere dich für deinen Hund, höre ihm zu und fühle mit ihm, damit aus anfänglichen kleinen Missverständnissen, nicht große und schwerwiegende Probleme entstehen.

BEISPIELE FÜR EINE AUTHENTISCHE KOMMUNIKATION

Aufmerksamkeit

— Mit Namen ansprechen (leise im Nahbereich, laut auf Entfernung)
— Impuls per Berührung setzen (antippen)
— Impuls per Pfiff setzen
— Anschauen (fixieren)
— Laufweg blockieren
— Winken

Antwort auf Fehlverhalten

— Verbal in tiefer Stimmlage beschweren (Brust-bzw. Bauchstimme). Das darf auch laut sein
— Präsent sein, dafür groß und breit machen (willensstark auftreten), ggf. sich wieder zurücknehmen, um Druck herauszunehmen
— Souverän das Fehlverhalten richtigstellen, statt zu diskutieren (überprüfe dein Mindset)
— Dein Hund soll Konfliktsituationen nicht meiden, sondern deiner Bitte Folge leisten und sein Verhalten ändern. Halte ihn dafür ggf. über die Leine im Gespräch
— Nicht jeder Hund gestattet in Konfliktsituationen körperliche Nähe. Hier gilt es sich mit dem Hund auszuprobieren, was an Tuchfühlung möglich ist und was nicht

Anerkennung

— verbal Zustimmung ausdrücken, loben
— zustimmende Gebärden, wie zum Beispiel Kopf nicken, Daumen hoch, Klatschen – dabei achtsam, vorgehen, denn zu viel Lob kann den Hund pushen und erneut ins Fehlverhalten bringen
— Berührung, zum Beispiel ruhiges Abstreichen, Abklopfen oder Streicheln

Der gemeinsame Austausch formt die Beziehung und damit das emotionale Band zwischen Mensch und Hund.

Lachen und Weinen

- Hunde reagieren empathisch auf unsere Stimmungen und Gefühle.
- Freude überträgt sich, auch dein Hund ist dann lustig und ausgelassen.
- Trauer irritiert deinen Hund. Entweder zieht er sich zurück oder aber sucht deine Nähe, so als wolle er dich trösten. Vielleicht hast du das schon einmal beobachten können.

IM RAUM = IM GESPRÄCH

Ab dem ersten Aufeinandertreffen werden im Zusammenleben bewusst, aber auch unbewusst Informationen ausgetauscht. Dafür haben wir Menschen einiges an Kommunikationsmitteln auf Lager: unsere Stimme, Gesten, Blicke, Körpersprache und auch unser Raumverhalten. All das lässt sich individuell auf jeden Hundetyp anpassen und einsetzen. Meine introvertierte, bescheidene einäugige Kora zum Beispiel, eine spanische Straßenhündin, verweigert sich komplett bei scharfer Zurechtweisung. Sie zeigt sich nur bei säuselnden lockenden Tönen kooperativ. Die aus zweiter Hand übernommene Boxer-Hündin Juna, braucht dagegen eine starke verbale Ansprache und zusätzlich eine körperliche Erinnerung, einen kurzen Stupser, um im Gespräch zu bleiben. Aber auch die jeweilige Situation bestimmt, ob deutlichere oder mildere Signale benötigt werden. Wenn der Hund beispielsweise einen für ihn wichtigen Geruch aufgenommen hat oder sein Erzfeind just im Augenblick um die Häuserecke biegt, dann braucht es mehr stimmlichen und körperlichen Einsatz, um ihn zu erreichen und ansprechbar zu halten, als wenn die Situation reizfrei geblieben wäre.

KOMMUNIKATION PRÄGT DIE BEZIEHUNG – FORMT DAS TEAM

Soziale Beziehung

→ Miteinander in Kontakt treten

Kommunikation

→ Austausch von Informationen
→ Intensität und Art & Weise variieren
→ prägt die Beziehung

Soziale Bindung

→ emotionales Band über Raum und Zeit
→ Mensch: übernimmt die Verantwortung.
→ Hund: findet verlässlich Fürsorge, Schutz und Anleitung.

»Keine Harmonie ohne Konflikte!«

Ein Beispiel aus der Menschenwelt aus Ursulas Buch Dogwalk: Wenn ich ein Kind, das völlig vertieft seine Lieblingsserie im Fernsehen anschaut, bitte, nicht mehr mit dem Stuhl zu kippeln, habe ich keinen Zuhörer und die Information kann nicht aufgenommen werden. Sie verpufft als „Mama-Monolog" im Wohnzimmer. Tippe ich aber das Kind kurz an (über Körperlichkeit), dreht es sich zu mir um und schaut mich an. Jetzt habe ich Augenkontakt und kann es bitten, mit der Kippelei aufzuhören (mithilfe der Stimme). Genauso verhält es sich, wenn ich etwas von meinem Hund möchte.
Um Informationen auszutauschen, braucht es also beidseitig, bei Hund wie Mensch, Zuhörende, oder sagen wir besser „aufeinander Achtende", denn Informationen können auch still ablaufen und dann übersehen werden. Die Intensität und die Art und Weise wie miteinander kommuniziert wird, variiert und prägt jeweils die Beziehung. Über die Zeit entsteht eine soziale Bindung, ein emotionales Band zwischen Mensch und Hund, dabei übernimmt der Mensch die Verantwortung, während der Hund Anleitung, Fürsorge und Schutz bei ihm findet.
Unser Tipp: Arbeite mit deinem Hund weniger an Gehorsamsübungen wie Sitz und Platz, sondern achte vielmehr darauf, dass er dir zuhört und auch in reizstarken Situationen für dich ansprechbar bleibt. Schule dich in der Kommunikation mit deinem Hund. Nutze das Raumdenken© und halte deinen Hund im Raum (Hilfsmittel ist die Leine) und damit im Gespräch. So wird für dich sichtbar, wo dein Hund körperlich oder auch schon mental Grenzen übertritt und du ihn aus dem Gespräch verlieren wirst. Verkleinere dann das Raumangebot und stecke die Begrenzungen enger.

WIE KOMMUNIZIEREN HUNDE UNTEREINANDER?

Hunde lernen circa ab der 4. bis zur 16. Woche, die Signale der hündischen Körpersprache zu verstehen, um sie dann in der Interaktion mit ihren Geschwistern selbst anzuwenden. Sie erfahren, dass ihr Verhalten Konsequenzen hat, denn beißen sie zu fest zu, ist das Spiel beendet, und zeigen sie der Mutter gegenüber distanzloses Verhalten, bekommen sie eine entsprechend regulierende Antwort. Ideal für die soziale Entwicklung der Welpen ist, wenn sie multilingual aufwachsen, das heißt mit den unterschiedlichsten Hunden in Kontakt kommen. Hunde aus dem Tierschutz leben oft in solch gemischten großen Gruppen. Nun werden sie adoptiert, kommen in ihre Familie und werden mit Privilegien und Zugeständnissen überschüttet. Es soll ihnen schließlich nie mehr schlecht gehen. Hatten sie in der Hundegruppe einen eher niedrigeren Status, sind sie in ihrer neuen Familie auf einmal die „Alleinherrschenden". Sie werden nachsichtig behandelt, nicht weiter hundesprachlich geschult beziehungsweise hündisch erzogen, und wenn wir uns als Hundehaltende dann nicht bemühen die Sprache der Hunde zu verstehen, führt dies unweigerlich zu einer Kette von Missverständnissen, aus denen Probleme folgen.

01

GESPRÄCHE UNTER HUNDEN

Ursula lebt mit den unterschiedlichsten Hunden zusammen und ist während der täglichen Arbeit in die Gespräche der Hunde involviert. **Wie beim Menschen steht auch hündische Kommunikation immer im Kontext.** Ein Wedeln mit der Rute beispielsweise, ist nicht immer gleich Freude, es kann auch Unsicherheit ausdrücken und ist zunächst, genauso wie übrigens das Aufstellen der Nackenhaare, ein Zeichen von Erregung. Hunde machen über **Laute** wie Bellen, Jaulen, Winseln, Heulen oder Knurren auf sich aufmerksam und geben ihrem Gegenüber darüber situativ Informationen. Ungarische Forschende konnten in einem Versuch beweisen, dass Versuchspersonen, hündische Laute im spielerischen, ängstlichen oder aggressiven Kontext jeweils richtig zuordnen konnten[1], ohne die Hunde dabei zu sehen.

[1] Pongrácz, P., Molnár, C., Miklósi, A., & Csányi, V. (2005). Journal of Comparative Psychology, 119(2), 136, „Human Listeners Are Able to Classify Dog Barks Recorded in Different Situations"

02

01 Chupi möchte nicht, dass Hilde sich noch mehr nähert und bittet Simone um Hilfe.

02 International verständlich: Stopp! Bitte halte den für uns notwendigen Abstand.

03 Du kannst den Wohlfühlbereich deines Hundes schützen, indem du Präsenz zeigst und Grenzen setzt.

03

Aber nicht nur über Laute auch über ihr **Raumverhalten** teilen Hunde sich mit. So kannst du das Verhalten deines Hundes in seiner sozialen Umwelt beobachten, in einen Kontext stellen und auswerten.

Achte dabei auf die Art wie dein Hund sich präsentiert, seine Körperhaltung, Bewegungsrichtung, Blicke und auch Energien. Wie ist der Orientierungswinkel der interagierenden Hunde zueinander, wie wird auf Nähe und Berührungen und auch auf Geruch reagiert. Die Verständigung unterliegt sozialen Regeln und ein Über- oder Unterschreiten der Individualdistanzen wird auch unter Hunden, abhängig davon wie gut man sich kennt, als angenehm oder unangenehm empfunden.
Auch **aggressive Ausdrucksmittel** wie Drohen, Knurren oder Abschnappen wer-

01

01 – 02
Der kleine freche Dackel zieht dem Viszla am Ohr, darauf folgt eine auf die Situation und den Dackel passende körperliche Korrektur. Hunde dürfen ihren Fang sozial angemessen einsetzen.

02

LEFZENKUSS

Hunde kommunizieren körperlich und schnäuzeln zum Beispiel auch miteinander. Sie stupsen sich dafür mit der Nase an oder lecken dem anderen seitlich die Lefzen oder auch über den Fang. Es ist eine Begrüßungs- und Beschwichtungsgeste und heißt so viel wie: „Ich möchte gern zu dir gehören!", „Ich mag dich – magst du mich auch?" oder „Ich respektiere dich!".

Im Austausch mit den Hunden kannst du die hündischen Signale nutzen und den Lefzenkuss genauso als Geste der Zugehörigkeit und der Bestätigung deines Status' anwenden. Dein Hund stößt entweder aus eigenem Antrieb seitlich mit Nase und Lefze gegen deine Handfläche. Wenn nicht, dann sprich ihn an und mache kurz auf dich aufmerksam, um dann den kleinen Stupser einzufordern. Bei Hunden, die Berührung nicht so mögen, kannst du den Lefzenkuss auch ohne direkten Kontakt andeuten. Probiere es einmal aus und lasse deine Hand seitlich locker hängen, denn auch im Freilauf suchen die Hunde mit ihrer Schnauze immer mal wieder den Kontakt zur Hand, stupsen dagegen und vergewissern sich so, dass ihr zusammengehört.

den genutzt. Sie sind völlig normal in der hündischen Kommunikation, denn darüber lässt sich das Gegenüber in seine Schranken weisen und verwarnen. Instinktsicher nehmen Hunde dabei Einfluss auf die räumliche Position des anderen, stoppen oder aktivieren ihre Sozialpartner. **Konflikte** gehören zum Austausch dazu, denn dabei werden Regeln abgefragt und die Positionen im sozialen Gefüge gefestigt. Konflikte brauchen jedoch ein soziales Maß und hier solltest du mithalten können: es darf gestritten werden, aber Eskalationen gilt es zu vermeiden. Ursula erzählt: „Es ist unglaublich spannend an den ‚Gesprächen' der Hunde teilzuhaben, sich mit ihnen auf Augenhöhe in der Kommunikation zu schulen. Am Raumverhalten kannst du zum Beispiel erkennen, was die Hunde untereinander regeln, was du also laufen lassen kannst, genauso wer gestoppt werden sollte, eine engere Grenzsetzung und gegebenenfalls auch verstärkt Schutz braucht."

Unser Tipp: Schule dich von Energielevel zu Energielevel. Höre dabei auf dein Bauchgefühl und unterbrich den hündischen Austausch, wenn es dir persönlich zu viel wird. Hole deinen Hund dafür für eine kleine Auszeit aus der Interaktion in deinen Nahbereich (Schutzraum, siehe Seite 168).

DIE LEINE IST DIE HAND ZUM HUND

Die Leine wurde nun schon mehrfach erwähnt. Wir werden nicht müde, immer wieder auf ihre Bedeutung als wichtiges Hilfsmittel hinzuweisen. Sie stellt eine sicht- und spürbare Verbindung zwischen dem Menschen und seinem Hund dar. Sie hält den Hund im Nahbereich, sodass Hundehaltende führend auf das Verhalten ihres Vierbeiners einwirken können. Nicht nur, um den Hund zu regulieren, sondern auch um mögliche Sorgen oder Nöte zu erkennen. Wird dabei dann auf den Hund Rücksicht genommen, gibt man nicht gleich die Führung ab. Im Gegenteil: Wer führen will, sollte zuhören können. Hunde wollen nicht übersehen oder belächelt, sondern ernst genommen werden.

Eine Mülltonne zum Beispiel, gehört für uns ins Alltagsbild, kann auf den Hund jedoch wie eine Figur aus einem Gruselkabinett wirken. Dann lässt sich dem Hund signalisieren: „Ich erkenne die Notwendigkeit auszuweichen. Wir machen einen Bogen. Du kannst dich mir anschließen!" Mancher Vierbeiner setzt seine Sorgen auch manipulierend ein, in dem Fall darf der Hund durchsetzungsstark überzeugt werden: „Die Situation kannst du mit mir zusammen bewältigen. Ich glaube an dich und unterstütze dich!" Das muss nicht nur bei ängstlicheren, sondern kann auch bei territorialen Hunden der Fall sein. Sie brauchen unter Umständen mehr Distanz zu fremden Menschen und Hunden als normalerweise üblich.

An der Leine befindet sich der Hund in deiner Obhut und erwartet von dir eine für ihn nachvollziehbare Führung. Gleich von Anfang an erfährt dein Hund: „Das ist mein Mensch und er versteht mich. Er nimmt mich an die Hand und führt mich – ich soll und kann mich ihm vertrauensvoll anschließen." So lässt sich schon bei der Ankunft des neuen Familienmitgliedes trotz freudiger Aufregung, ganz unaufgeregt und in aller Ruhe, Hand in Hand mit dem Hund das zukünftige Zuhause gemeinsam erkunden.

»Reiche deinem Hund die Hand, wenn er nach Halt sucht, und lass erst los, wenn er sie nicht mehr braucht.«

DIE LEINE HÄLT DEN HUND IM RAUM

Zweifelsohne ist es bequemer, die Hände frei, statt einen Hund an der Leine zu haben. Warum sollten wir also weiter über die Leine sprechen? Weil die Leine es uns völlig unspektakulär ermöglicht den Hund im Raum und damit ansprechbar zu halten, ihn anzuleiten, vor allem aber zu schützen und zu sichern.

Leider hat die Leine nach wie vor einen schlechten Ruf und so ist der Gedanke, dass nur ein freilaufender Hund glücklich ist, immer noch weit verbreitet. Es ist sicher eine schöne Vorstellung, dass der Hund seinem Menschen völlig selbstverständlich im

Ist man ins Gespräch vertieft, hält die Leine den Hund im Raum.

Wenn der Hund abgeleint ist, sollte der Fokus auf ihm liegen.

Freilauf folgt, und seine eigenen Interessen, Sorgen und Nöte zurückstellt, weder Unrat frisst noch jagen geht, oder sich in anderen Umweltreizen verliert. Aber Hunde verhalten sich nicht auf Knopfdruck nach unseren Vorstellungen, sondern unterliegen Entwicklungsprozessen, auf die wir Einfluss nehmen können und sollten. Es sind soziale Lebewesen und ebenso wie wir Menschen „funktionieren" sie nun mal nicht.

Leider wird oft suggeriert, dass sich mit Training alles richten lässt. Ein rumänischer Straßenhund mit Herdenschutzhundanteilen, um ein Beispiel zu nennen, lässt sich jedoch nur bedingt trainieren, denn im klassischen Training finden sich viele Signale, die für solche ursprünglichen Hunde keinen Sinn ergeben. Auf ein Vorsitzen nach dem Rückruf zum Beispiel oder auch auf den Rückruf selbst, reagieren diese Hunde mit: „Ich bin doch hier, warum soll ich denn noch näher rankommen?" Solche seit Generationen eigenständig lebenden Hunde wollen verstanden, über Kompromisse („ein Geben und Nehmen") angesprochen und nicht verbogen werden.

Der Raum Wasserstelle ist geöffnet – dafür sollte man den Hund auch bei Energieaufnahme im vorgegebenen Bereich halten können.

01

02

Ursula berichtet über ihre scheue einäugige Straßenhündin Kora: „Kora lässt sich wunderbar mit Futter motivieren und so wollte ich das Signal ‚Fahrrad' als Warnsignal über Futterbelohnung aufbauen. Wir sind ohne Reiz gestartet, aber Kora sah keinen Sinn darin imaginären Fahrrädern auszuweichen und weiter in meinem Nahbereich zu verharren, wenn gar kein Gefährt in Sicht war. Sie holte sich die ersten Kekse ab und machte anschließend ihr Ding. Als ich dann die Leine dazu nahm, hatte sie auf weitere Kekse keine Lust mehr. Ich kündigte folglich nur noch ‚reale' Fahrräder an. Die Leine nahm ich weiterhin zur Hilfe. So konnte ich sie, bis die Gefahr vorüber war, unaufgeregt und auch ohne mich ihr aufzudrängen in meinem Nahbereich halten. Diesen Ablauf haben wir durch ständiges Wiederholen ritualisiert und nach einer Weile setzte sie das auch ohne Leine zuverlässig um. Die Konditionierung auf das Wort ‚Fahrrad', war nun nicht mehr konstruiert, sondern eine für den Hund nachvollziehbare Anleitung aus dem Alltag heraus."

Die weniger kooperativen Rassen oder Straßenhunde, sprich: die autonomen Hunde, zeigen sich in der Beziehung mit ihrem Menschen eigenständiger und freigeistiger, als zum Beispiel der auf die Zusammenarbeit mit dem Hund gezüchtete Schäferhund, der geradezu erwartet, eine Anweisung zu bekommen. Als Hundehaltende sind wir gewissermaßen die Eltern des Hundes („Hundeeltern") und damit in der Verantwortung auch den Hund aus dem Tierschutz vorausschauend zu führen und sicher anzuleiten.

Unser Tipp: Die Leine hält den Hund in deinem Nahbereich. Du kannst dich also auf eine zuverlässige Ansprechbarkeit deines Hundes in allen Reizlagen fokussieren. So erfährst du auch, wann du deinen Hund, deutlicher ansprechen musst, um ihn noch zu erreichen. Die Leine ist die verlässlichere Alternative gegenüber einem auftrainierten Rückruf, weil sie sicher verhindert, dass sich der Hund verselbstständigt.

KONTAKT MITHILFE DER LEINE

Die Leine hält den Hund im Gespräch.

- Sie ermöglicht ein In-Kontakt-treten und In-Kontakt-bleiben.
- Informationen werden ausgetauscht.
- Gesprächsziel: Interesse zeigen, einander zuhören und verstehen.

03

01 – 04
Valeries erster Tag nach ihrer Ankunft. Über die Leine ist eine Kontaktaufnahme möglich: Antippen, Blickkontakt herstellen und den Hund zu sich einladen. Die noch skeptische Valerie fühlt sich gesehen und verstanden.

DEN HUND IM GESPRÄCH HALTEN BEI MEIDEVERHALTEN

Meideverhalten, zum Beispiel Flucht oder aber auch defensiv motivierte Aggression, sind Verhaltensweisen, mit denen sich der Hund ihm unangenehmen Reizen und auch Konflikten entzieht. In Gefahrensituationen im Alltag eines Straßenhundes kann das überlebensnotwendig sein, meidet der Hund jedoch den Austausch mit seiner Bezugsperson, lassen sich keine Informationen vermitteln. Über die Leine hältst du deinen Hund im Dialog. Wie das Gespräch gestaltet wird, obliegt deiner Moderation. **Unser Tipp:** Ruhe im Miteinander finden, dann erst Anforderungen an den Hund stellen.

DEN HUND IM GESPRÄCH HALTEN BEI AGGRESSIONSVERHALTEN

Beim Aggressionsverhalten, ob nun feindselig oder spielerisch, stauen und entladen sich Energien. Sie werden dann gefährlich, wenn sie mit Beschädigungsabsicht in eine einzige Handlung fließen. Hat der Hund damit mehrmals Erfolg, wird er bei seiner Strategie bleiben und sein Verhalten wiederholen, zum Beispiel beim Abwehren oder beim Beuteanspruch. Über die Leine lässt sich dem Hund unaufgeregt zeigen, dass es

04

weder notwendig noch angebracht ist, die Zähne so unangemessen einzusetzen – auch nicht, um sich zu schützen oder durchzusetzen. Zeigt der Hund dabei wenig Einsicht, ist ein Maulkorb zum Schutz aller Beteiligten zwingend erforderlich. In der Kombination Leine und Maulkorb kannst du den Gesprächsverlauf steuern und auch abbrechen, um aus der Ruhe heraus erneut zum Miteinander zu finden.
Unser Tipp: Ein stimmiges Miteinander zu finden, steht auch hier als Ausgangspunkt an erster Stelle. Die Auslöser (Trigger) für die Aggressivität sollten gefunden, aber nicht

gleich überstrapaziert werden. Der Hund muss lernen dürfen, alternative Verhaltensweisen zu finden. Diese Lernprozesse brauchen je nach Hund unterschiedlich viel Zeit, vor allem aber erfordern sie Standfestigkeit, Geduld, Empathie und Erfahrung.

DIE LEINE BIETET ORIENTIERUNG

Die Leine sollte in der Anfangszeit eher kürzer als länger, aber nicht länger als 5 Meter sein, denn alles, was darüber hinausgeht, ist einem Freilauf gleichzusetzen. Die Distanz zum Menschen wird dann zu groß und die Möglichkeiten Einfluss zu nehmen sinken. Hunde denken räumlich, verhalten sich territorial und vor allem Streuner und Straßenhunde wissen genau, wie sich Raum nutzen und verwalten lässt. Für eine sichere und verlässliche Führung solltest du also nicht mit statischen Trainingszielen arbeiten, sondern dich mit den räumlichen Gegebenheiten auseinandersetzen.

— Wie sieht das Umfeld aus, durch das du dich mit deinem Hund bewegst und
— wieviel Platz benötigt dein Hund, du selbst und auch dein Gegenüber darin?
— Wie lassen sich Situationen so gestalten, dass du nicht die Führung an deinen Hund abgibst und dennoch seine Bedürfnisse nicht übergehst?

Probiere dich mit deinem Hund zusammen aus. Halte an dem Bild fest, dass die Leine die Hand zum Hund ist und so eine wunderbare Basis für eine vertraute Gemeinsamkeit schafft. Der Fokus liegt dabei nicht auf der perfekten (konstruierten), sondern auf der authentischen (lösungsorientierten) Führung.

HILFE UND HALT STATT PERFEKTION

Eine perfekte Leinenführung gibt es nicht. Häufig wird in den Sozialen Medien mit einer an zwei Fingern gehaltenen durchhängenden Leine geworben, an der ein an seiner Umwelt desinteressierter Hund neben einem herläuft. Das aber lässt sich weder für alle Hunde noch für alle Situationen verallgemeinern. Vor allem Tierschutzhunde brauchen in der Anfangszeit mehr Hilfe und Halt und das ermöglicht eine kurze anstehende Leine. Der eng gesteckte Rahmen bietet dem Hund weniger Raum für Fehlverhalten und Hundehaltenden mehr Möglichkeiten zur Einflussnahme. Die lässt sich fair und kompetent nutzen, um den noch verhaltensunsicheren Hund anzuleiten und zu führen. Grundsätzlich sollte es sich immer gut anfühlen, den Hund an der Hand zu halten und so darf eine straffe oder lockere Leine je nach Situation variieren. Auch eine lange Leine kann sinnvoll sein.

Führung schafft Vertrauen, wenn die Leine sicher gehalten wird.

Leinenführung fängt bei dir an: Durch Vorgabe von Laufrhythmus und -richtung, kann sich dein Hund vertrauensvoll anschließen.

Ursula schreibt: „Faraón zum Beispiel, hat die ersten vier Jahre seines Lebens im Tierheim verbracht und gibt sich im Straßenbereich bis heute skeptisch. Die längere Leine bietet ihm mehr Raum, um in für ihn schwierigen Situationen leicht ausweichen zu können. Er verliert sich dabei nicht in seinen Ängsten, sondern bleibt ansprechbar und kooperativ – das ist immer die Voraussetzung, um mehr Raum, wie eine längere Leine, zur Verfügung stellen zu können."

Unser Tipp: Führung sollte immer beim (Leit-)Menschen beginnen, so auch die Handhabung der Leine. Ein Dauerzug sollte vermieden werden, denn das ist weder für den Hund noch für die Person, die die Leine hält, angenehm und auch nicht förderlich für die Gesundheit. Wie sich der Hund sinnvoll über die Leine führen lässt, das definierst du im Prozess bis dahin für dich und deinen Hund selbst und nicht z. B. Social Media. Beachte dabei: Hunde übernehmen unseren Job der Führung, wenn wir es nicht tun (siehe dazu auch Seite 109, Geschirr oder Halsband).

HILFSMITTEL LEINE

Die Leine nimmt Einfluss auf Position & Energie (= Raumverwaltung)

- Sichtbare und spürbare Verbundenheit
- Variable Leinenlänge. Sie sollte nicht über 5 Meter hinausgehen. Ansonsten wird die Verbindung unsicher (= zu viel Freiheit).
- Sie sollte aber auch nicht so kurz sein, dass der Hund mit den Vorderbeinen die Bodenhaftung verliert, denn dann wird die Verbindung zwanghaft (= zu wenig Freiheit).
- Eine anstehende kurze Leine gibt Halt: sowohl dem unsicheren oder skeptischen, als auch dem temperamentvollen oder überaktiven Hund.
- Eine kurze Leine (= kleiner Raum), nimmt dem Hund eigene Entscheidungsmöglichkeiten, z. B. bei hyperaktiven, impulsschwachen, reizempfänglichen Hunden und jenen, die Grenzen nicht akzeptieren.
- Eine lange Leine (= großer Raum) ermöglicht dem Hund vermehrt eigene Entscheidungsmöglichkeiten, z. B. bei Hunden, die sich kooperativ zeigen, sich gut und sicher anschließen und die Führung nicht anzweifeln.
- Hunde, die „bocken" und stur „ihr Ding durchziehen" wollen oder aber skeptische, scheue Hunde werden über eine im Wechsel annehmende und nachgebende Leine motiviert.

Kurz vor dem Fototermin für dieses Buch ist Galgo Español Valerie bei Ursula, ihrer Pflegestelle, angekommen. Sie präsentiert sich als skeptische, aber kooperative Hündin. Sie ist zwar gut bemuskelt, aber auch für einen Windhund noch recht dünn. Sie wird nun von Anfang an lernen, dass sie sich auf ihre Menschen verlassen kann, dass wir ihre Sorgen verstehen, sie sich aber nicht darin verlieren sollte.

01

02

03

01 Alles ist noch fremd. Die verunsicherte Valerie hat sich im Gras abgelegt und signalisiert über das Abwenden ihres Kopfes deutlich, dass sie nicht bedrängt werden möchte.

02 Ursula hält ihre Position und damit die Distanz zu Valerie. Gleichzeitig fasst sie die Leine kürzer.

03 Ursula neigt ihren Oberkörper in Valeries Richtung und bringt sie darüber aus ihrer liegenden Position. Die anstehende Leine hält die Hündin im Raum und gibt ihr Halt.

04 Valerie bleibt skeptisch, steht aber auf und folgt der richtungsweisenden Leine. Ursula hält ruhig ihre Position und kürzt die Leine, je mehr Valerie sich ihr nähert.

05 Die Pflegehündin zeigt sich trotz Unsicherheit ansprechbar und kooperativ. Die Leine kann nun locker gehalten werden, denn Valerie bewegt sich in die gewünschte Richtung.

04

05

06 Ursula hat der skeptischen Hündin über die Leine die Hand zur Kooperation gereicht. Sie hat sie nicht weiter bedrängt, sondern davon überzeugt, sich ihr anzuschließen.

06

GUT GEPLANT GEMEINSAM WACHSEN

WIE SOLL DER ALLTAG AUSSEHEN?

Zunächst einmal braucht es einen Plan, das heißt eine Vorstellung davon, wie der Alltag mit dem Hund ablaufen soll und entsprechend gestaltet werden kann. Anschließend folgt die Umsetzung. Je klarer du dir selbst in deiner Zielsetzung bist, umso überzeugender und authentischer kannst du deinem Hund gegenüber auftreten. Statt in wilden Aktionismus zu verfallen oder sich in Emotionen zu verlieren, lassen sich über das Raumdenken© Gedanken ordnen und bildhaft darstellen. Das lässt dich gemeinsam mit deinem Hund bewusst und zunehmend instinktsicher arbeiten:

- Grenzen setzen und lockern
- Aktionsraum nehmen und geben
- Energie / Bewegung beeinflussen
- Ressourcen verwalten (zuteilen und entfernen)

Planung ist eine theoretische Angelegenheit, gelernt wird jedoch durch die Umsetzung in die Praxis mit den damit einhergehenden Erfahrungen, die mit dem Hund gemacht werden. Denn das Zusammenleben ist ein Prozess im Alltag und das ehrlichste, aber auch gnadenlose Feedback bekommst du immer von deinem Hund. Die Planung sollte kein statisches Konstrukt sein, sondern einer dynamischen Entwicklung unterliegen und sich flexibel an die Gegebenheiten, Herausforderungen und Entwicklungen des Hundes anpassen.

- Welche Aufgaben soll dein Hund im gemeinsamen Alltag übernehmen?
- Was erwartest du von ihm?
- Welche Anforderungen stellt er dabei an dich?
- Was kannst du konsequent leisten?

Beispiel Bürohund

Der Hund soll zukünftig mit ins Büro kommen. Die Aufgabe kann sein, den Menschen zu begleiten, sich zurückzunehmen und zu warten, bis er dran ist. Der Hund bekommt im Büro einen störfreien und gemütlichen „Ruheraum" zugewiesen. Hier findet er die für ihn notwendige Ruhe. Aufgabe kann natürlich aber auch sein, sich präsent zum Mittelpunkt des Büros zu machen. Der Raum „Büro" wird dann zur Bühne des Hundes. Bist du unklar in deiner Zielsetzung und mischst beide Aufgaben, wirst du mit deinem Hund diesbezüglich immer Diskussionen führen.

Unser Tipp: Stressfreier für alle Beteiligten ist sich für die erste Variante zu entscheiden und den „Ruheraum" konsequent zu etablieren. Du solltest dich dabei auf deine Konsequenz und auch auf die Abgrenzung zum Umfeld fokussieren, so darfst du im oben genannten Beispiel deine Kolleg:innen um Verständnis und Rücksichtnahme bitten.

Trainingsmethoden, die sich im Alltag nicht umsetzen lassen, verunsichern dich nur. Der Hund registriert das Zögern und nutzt deine Führungsschwächen zu seinen Gunsten beziehungsweise gleicht sie durch seine

Fähigkeiten aus. Dazu ein Beispiel von Ursula: „Die aufgekratzte und temperamentvolle Boxerhündin Juna soll lernen, sich im Lastenfahrrad ruhig zu verhalten. Dafür gibt es keine Trainingsanleitung. Die Halterin musste sich eigene Strategien überlegen und diese umsetzen. Die Umsetzung verlief über Versuch und Irrtum und war anfangs mit Niederlagen verbunden, haben das Team jedoch Stück für Stück weiter ans Ziel gebracht und schon nach recht kurzer Zeit war Juna eine vorbildliche Beifahrerin."
Für eine gelungene Leinenführung hingegen gibt es viele Trainingsmethoden, die uns Hundehaltenden bei der Umsetzung verwirren und die Sicht auf eigene Lösungsmöglichkeiten und Herangehensweisen versperren. Dadurch geht Authentizität verloren. Unglaubwürdige Kommunikation verursacht ein wechselhaftes Agieren und wirkt inkompetent. Wenn du aber weißt, was du willst und dir deiner selbst sicher bist, dann kannst du alles schaffen. **Reminder: Keine Scheu vor Fehlern, sie gehören dazu und lassen dich wachsen.**

Es sind nicht nur die jungen Hunde, die oft unsere menschliche Nähe suchen. Simones griechische „Pupe" (+/– 10 Jahre alt) liebt Nähe und Ruhe.

Eine verlässliche Erziehung kennt keine Trainingseinheiten, sie findet immer statt.

Überlege dir, wie du über Raumvorgaben aktiv Einfluss auf das Verhalten deines Hundes nehmen kannst. Wo kannst du Ausnahmen zulassen und wo darf nicht dran gerüttelt werden? Auf jede Ausnahme folgen Diskussionen und das ist unter Umständen kräfte- und nervenzehrend. Je stärker der Hund deine Führungskompetenz in Frage stellt, desto konsequenter solltest du dich ihm gegenüber aufstellen. Auf rasante Fortschritte können Stagnation oder Verschlechterung unerwünschter Verhaltensweisen folgen, denn wie schon betont, ist Erziehung ein Prozess. Die Reflexion kann dir helfen, in diesem gemeinsamen Prozess die standfeste Mitte zu halten und nicht an Engagement zu verlieren.

Wenn du selbst einmal nicht weiterkommst, scheue dich nicht, Hilfe von außen zu holen. Hunde sind wahre Meister darin, Lücken in deinem System aufzuspüren und es ist nicht immer einfach herauszufinden, was der Hund nicht will oder womit er schlichtweg überfordert ist. Formuliere die Gemeinschaft als Ziel und überlege dir Wege, um die dafür nötige Zugehörigkeit – ein „Wir-Gefühl" – zu erreichen. Dein Hund gibt dir dabei Feedback. So verlierst du bei der Zielsetzung nicht dein Mensch-Hund-Team aus den Augen, denn Respekt und Akzeptanz sind immer beidseitig erforderlich.

Grundvoraussetzung für eine verlässliche Erziehung ist, Zeit zu investieren. Dabei solltest du dich nicht nur für deine eigenen, sondern auch für die Belange deines Hundes interessieren – auch um zu akzeptieren, dass sich Hunde nicht wie Knete nach den eigenen Wünschen modellieren lassen.

☞ ERFAHRUNGSBERICHT: PFLEGEHUND ELMO ZIEHT EIN

Kathrin Lüke, Dogwalkerin aus Leverkusen, erzählt: „Meine Vorstellungen vom Pflegehund waren genau überlegt: Es sollte ein Hund sein, der nicht nur unsere Familie bereichert, sondern der mich auch bei meiner Arbeit als Dogwalkerin mit der Hundegruppe unterstützt. Als ich Elmo, einen Schäferhund-Mix (mit Herdenschutzhund, American Akita), auf einer Tierschutzseite entdeckte wusste ich: der ist es. Ich war mir sicher, ich könne den Anforderungen, einen so starken Hund aufzunehmen, gerecht werden. Wenige Tage nach seiner Ankunft fiel jedoch meine Zuversicht schnell in sich zusammen, ob ich mir nicht doch zu viel zugemutet hatte.

Elmo zeigte innerhalb kurzer Zeit starke territoriale Verhaltensweisen, gepaart mit einem übermäßigen Beschützerinstinkt. So durften sich Familie, Freunde und auch der Kater, nach Elmos Vorstellung, nicht einfach so durchs Haus bewegen. Ich wollte mir mit einer Box helfen, fand aber keine in seiner Größe. Auf den Walks pöbelte er lautstark Fremdhunde an und ging zusätzlich LKW und Züge an. Mein Mann durfte unser Schlafzimmer nicht mehr betreten, was mich schließlich an den Punkt brachte, an dem ich mir Unterstützung von Ursula holte. Über den Austausch mit ihr fand ich wieder ins Gleichgewicht und mobilisierte meine Kräfte.

Das war notwendig, denn nur mental klar aufgestellt, lässt sich eine Persönlichkeit wie Elmo überzeugend anleiten. Die Leine wurde zu meinem konsequenten Argument, um Einfluss auf Elmos Verhalten nehmen zu können. Sie blieb anfangs auch nachts in meiner Hand, damit mein Mann unbehelligt ins Bett gehen konnte. Der Kater bekam Geleitschutz, die Kinder und der Besuch wurden in Ruhe gelassen. Zusätzlich wurden alle Familienmitglieder und auch Gäste instruiert, welche Regeln im Zusammenleben mit Elmo zu beachten waren. 5 Jahre sind seitdem vergangen, die Regeln gelten immer noch, aber die Leine brauchen Elmo und ich schon lange nicht mehr – unsere Verbindung ist stabil und voll Vertrauen. Damals war ich kurz davor aufzugeben, heute ist er jedoch genau der Hund, den ich mir eigentlich gewünscht hatte. Er hat mich wachsen lassen und mich gelehrt, ihn in seinen Talenten und Begabungen zu erkennen und zu fördern. Ich wurde zur ‚Pflegestellenversagerin', Elmo blieb bei uns. Ein Leben ohne ihn will und kann ich mir nicht mehr vorstellen. Er ist ein zuverlässiger Helfer in der Hundegruppe geworden und natürlich wird er von der ganzen Familie geschätzt und geliebt – auch von meinem Mann und unserem Kater."

Kathrin und Elmo

WAS WIRD VOM HUND ERWARTET?

Vorstellung

Überlege dir, was du von deinem Hund langfristig erwartest, soll er zum Beispiel:

- Familienhund werden?
- dich mit ins Büro begleiten?
- Haus und Hof bewachen?
- ein Spezialist, wie z. B. Rettungshund oder Pettrailer werden?

Daraus ergeben sich bereits die ersten Regeln und Werte, die du deinem Hund vermitteln solltest und damit verbundenen, auch die notwendigen Raumvorgaben.

Plan und Wege zum Ziel

Strukturiere deinen Tagesablauf und erstelle einen Tagesplan passend zu deinem Alltagsrhythmus. Alle Fragen zur Erziehung des Hundes lassen sich übers Raumdenken© beantworten. Setze von Anfang an Grenzen und etabliere Räume, beispielsweise für Ruhe, für die Fütterung, für Pflegemaßnahmen etc.

Reflexion Mensch, Hund, Team

Über die Reflexion wertest du aus, was dich und deinen Hund noch überfordert. Wo und wann Räume weiter oder wieder kleiner gesteckt werden sollten. Überlege dir, wie sich deine Vorstellungen im Alltag nachhaltig durchsetzen lassen.

Anpassung des Ziels

Passe dein Ziel kontinuierlich an die jeweilige Situation und die Entwicklung deines Hundes an. Aber verliere es nicht vor lauter Kompromissen aus den Augen.

TIPPS FÜR EINE GELUNGENE PLANUNG

Mache dir Gedanken über die täglichen Abläufe. Jeder Hund braucht unterschiedliche Hilfestellungen. Der eine braucht dafür mehr Anleitung und enger gefasste Grenzen als der andere. Du solltest dir überlegen, welche Maßnahmen und Handlungsschritte sinnvoll und erforderlich sind, um Werte- und Normvorstellungen, die auf das eigene Lebensmodell passen, überzeugungsstark zu vermitteln.
Um den anderen von sich zu überzeugen, solltest du dein Gegenüber zunächst verstehen. Das macht es dir möglich auch problematischere, zum Beispiel traumatisierte Hunde in den Familienalltag zu integrieren.
Der Plan sollte allerdings nicht starr sein. Lässt sich etwas nicht so umsetzen, wie du dir das vorgestellt hast, dann ändere es und passe Regeln und Abläufe an. Lege dafür eine Gedankenliste an und lasse deine Notizen in die Reflexion einfließen. Ergänzungen oder auch Streichungen lassen dich flexibel auf Veränderungen reagieren, ohne dabei deine Ziele aus den Augen zu verlieren. Liste das Verhalten deines Hundes auf und vergiss nicht deine eigenen Aufgaben dabei – denn für eine harmonische Mensch-Hund-WG muss vor allem auch der Mensch, also du selbst, etwas tun.
Du kannst dir die folgenden Fragen stellen und unsere Antworten und Tipps geben dir Anregungen, um Lösungen zu finden.

„Wie soll sich mein Hund im Haus verhalten?“
Hunde brauchen Raum und Zeit für Ruhe (siehe Seite 182). Je aktiver der Hund ist, desto mehr Ruhe braucht er. Das gleiche gilt auch für den scheuen Skeptiker. Hunde spiegeln unsere Unsicherheit, Aufregung, kurzum: unsere Energien. Die Ruhe beginnt also bereits bei dir. Vermeide es, den Hund permanent in den Fokus zu setzen, dazu gehören auch Diskussionen zur Ruhefindung.

01

02

Unser Tipp: Gleiche Abläufe und wenig Änderungen, feste Ruhezeiten und Schlafplätze konsequent eingehalten, ersparen unnötige Diskussionen. Über die Hausleine lassen sich Ruheräume etablieren (siehe Seite 183). In einer großen Familie oder einer Mehrhundehaltung, kann auch eine Box als Rückzugs- und Ruhemöglichkeit sehr hilfreich sein.

Beispiel aus Ursulas Alltag: Schäferhund Wolfi konnte in der Junghundzeit schlecht zur Ruhe finden. Die Box bot ihm eine Höhle, einen Raum, in dem er abschalten konnte. Wolfi hat aufgrund mangelnder Prägung, große Sorge vor Kindern, deswegen bietet ihm die Box bis heute bei Familienfesten einen sicheren Rückzugsort.

03

Jules Aufgaben im Alltag:

01 Achten, dass alle pünktlich aufstehen und zum Frühstück erscheinen.
02 Den „Papa" bei der Arbeit begleiten.
03 Mit der kleinen „Mama" spazieren gehen.

„Was darf der Hund im Haus auf keinen Fall tun?"
Auch Hunde mit unschöner Vorgeschichte haben ein Recht auf klar ausgesprochene und durchgesetzte Verbote. Sie sollten erfahren dürfen, was gut aber auch, was nicht in Ordnung ist, damit Missverständnisse im Zusammenleben mit dem Menschen erst gar nicht auftreten.
Unser Tipp: Nimm das Verhalten deines Hundes nicht persönlich. Nutze stattdessen das Bild vom Raum und arbeite mit Fixpunkten. Die helfen dir Grenzen und ihre Überschreitungen zu erkennen und unaufgeregt Raumvorgaben durchzusetzen.
Beispiel aus Ursulas Alltag: „Hunde stehlen nicht, sie nehmen weg!", hat neulich jemand erzählt. Fakt ist: Gelegenheit macht Diebe. Ursula erläutert hierzu: „Wenn mir beim Eintritt in die Küche statt dem Kuchen für den Nachmittagskaffee nur noch der Teller entgegenblickt und sich Pflegehund Heinrich genussvoll die Krümel von der Schnauze leckt, dann fühlt sich das doch sehr wie Diebstahl an. Dabei lag der Fehler bei mir und meiner großzügigen Grenzset-

01

01 Kinder und Hunde lieben es sich auszuprobieren und miteinander zu messen. Wichtige Regel im Zusammenleben aber ist, dass Hunde den Menschen respektieren – auch das Kind und auch im wilden Spiel.

02 Wolfi packt in die ihm angebotene Beute, …

03 … lässt aber sofort ab, als er Tims Hand spürt.

04 Tim bietet Wolfi die Beute erneut an.

05 Wolfi und Tim sind jetzt jeweils achtsamer, ohne den Spaß am Spiel zu verlieren.

02

03

zung. Heinrich hatte für seinen derzeitigen Erziehungsstand zu viel Freiraum. Er wusste zwar schon, dass auf der Küchenanrichte Hundepfoten nichts zu suchen haben, aber seinem Impuls nachzugehen und sich den Kuchen zu nehmen schien ihm weit verlockender, als sich an mein langweiliges Verbot zu halten.
Bei einem Junghund wie Heinrich ist es sinnvoller, ihn gar nicht erst in die Versuchung zu bringen, sondern bereits ein Küchenverbot zu etablieren. Der Raum ‚Küche' ist für ihn erst dann geöffnet, wenn ich ihn freigebe und wir gemeinsam hineingehen. Mit meiner Hilfe kann Heinrich dann auch den verbotenen Bereich ‚Anrichte' mit dem verlockenden Kuchen respektieren.
Hilfsmittel, um den Raum ‚Küche' konsequent zu schließen, sind anfangs die Küchentür oder auch ein Kindergitter. Step by Step lässt sich dann an der Raumgrenze auch ohne echte Tür das Stoppen und Warten etablieren."

„Wie soll sich der Hund den Kindern gegenüber verhalten?"
Hunde sind keine Kuscheltiere und auch keine Spielpartner, die einen „Ausschalter" haben. Im Haushalt mit Kindern müssen beide lernen, aufeinander zu achten und sich zu respektieren. Ein Sich-Abgrenzen muss erkannt und akzeptiert werden, d. h. Wohlfühlräume sollten beidseitig gewährleistet sein.

Unser Tipp: Kinder sollten vor allem in der Phase des Kennenlernens nicht unbeaufsichtigt mit dem Hund spielen oder unterwegs sein.

Beispiel: Kinder und junge Hunde probieren sich aus, wollen wissen, wie weit sie gehen können. Ursula weiß: „Unsere drei Kinder haben sich vor allem mit den jungen Pflegehunden viel beschäftigt, haben mit ihnen getobt, gerauft und gespielt. Meine Aufgabe war es, auf die Einhaltung der Spielregeln zu achten und das Spiel zu stoppen, bevor es kippt. In dem Haushalt von Mali-Mix Bente ist das versäumt worden. Bente wurde den Kindern gegenüber übergriffig und kam zurück aus der Vermittlung. Sie hatte einem Kind in den Arm gebissen und nicht mehr losgelassen."
Ältere Hunde wollen ihre Ruhe haben und kommunizieren das entsprechend, werden aber vom Kind und leider auch oft von den Eltern missverstanden. Ein wedelnder Hund signalisiert je nach Körperspannung beispielsweise nicht, dass er gestreichelt werden will. Bei den erwachsenen Hunden weisen wir die Kinder deswegen an, sie nicht zu bedrängen, sondern zu warten, bis der Hund zu ihnen kommt.

04

05

„Wie soll sich mein Hund bei der Fütterung verhalten?“
Hunde brauchen regelmäßige Mahlzeiten. Biete deinem Hund dafür Raum und Zeit. Bitte lasse die Mahlzeiten nicht aus und packe das tägliche Futter auch nicht in Futterbeutel, die sich dein Hund erst erarbeiten soll. Denn die regelmäßige Futteraufnahme an einem für den Hund sicheren Ort, also die sichere Erwartung mindestens zweimal täglich etwas zu essen zu bekommen, ist ein Grundbedürfnis und zeichnet dich als verlässlichen „Hundelternteil“ aus.
Unser Tipp: Wie wir Menschen sollten Hunde feste Mahlzeiten mit entsprechend etabliertem Essplatz zur Futterzeit einnehmen. Eine Fütterung aus der Hand kann mal als Snack oder Picknick erfolgen, sollte aber nicht das Ritual der Fütterungszeit ersetzen. Mit der Hausleine kannst du einen Raum für die Futteraufnahme, einen „Essraum“ etablieren. Hier kann dein Hund in Ruhe seine Mahlzeiten einnehmen. Leine ihn dafür schon bei der Futterzubereitung an und fixiere die Leine an einem geeigneten Möbelstück. Das bringt Ruhe in aufgeregte Situationen und ganz nebenbei, etablierst du dabei auch noch das Anleinen.
Beispiel aus Ursulas Alltag: In der Mehrhundehaltung ist die Raumzuweisung bei der Fütterung absolut notwendig. Hier darf bei der Futteraufnahme keiner den anderen stören und jeder muss in Ruhe sein Futter aufnehmen können. Ursula berichtet: „Meine eigenen Hunde fressen recht nah beieinander und bekommen die Näpfe von links nach rechts aufgestellt: Zuerst Kora, es folgen Wolfi und dann Hilde. Faraón braucht mehr Platz, deswegen stelle ich seinen Napf mit mehr Abstand zu den anderen auf. Werden leergefutterte Näpfe von den Hunden frei gegeben, darf jeweils der andere die Reste auslecken. Hunde, die ihr Futter hastig verschlingen, halte ich über die Hausleine in ihrem ‚Essraum‘. So vermeide ich Unruhe und Streit ums Futter.“

Fütterung aus der Hand? Nein, das ist ein Picknick. Futter gibt es zu festen Mahlzeiten.

Jeder bleibt bei seinem „Teller“. Die neuen Pflegehunde halten sich an die Vorgabe des „Essraums“ – Hilfsmittel ist die Leine.

„Wie soll sich mein Hund beim Autofahren verhalten – was sollte er auf keinen Fall tun?“
Hunde dürfen nicht durchs Auto springen. Es ist in vielerlei Hinsicht einfach zu gefährlich. Die Autofahrt sollte also für keinerlei Aktivitäten, auch nicht zum Bewachen des Autos, sondern ausschließlich zum Ruhen genutzt werden.
Unser Tipp: Dein Hund sollte, wie im Haus, auch im Auto einen Ruhebereich zugewiesen bekommen. Dafür eignet sich am besten eine Alutransportbox im Heckbereich des Autos. Diese ist auch die sicherste Lösung für den Transport des Hundes.
Beispiel aus Ursulas Alltag: „Mein Schäferhund Wolfi ist seiner Rasse entsprechend wachsam. Wenn er im Auto aus dem Fenster schauen kann, meldet er geflissentlich alle ‚Störer‘. Ich nehme ihn aus der Pflicht, indem ich ihm über seine Autobox einen Ruhebereich biete. Die Box ist so im Auto platziert, dass er nicht nach draußen schauen kann.“

„Wie soll sich der Hund auf dem gemeinsamen Walk verhalten?“
Nicht der Freilauf hat Priorität, sondern die gemeinsame Aktion. Diese kleinen und großen Abenteuer gilt es zu gestalten und dies ist Aufgabe des Menschen. Der Hund sollte sich dabei an seiner Bezugsperson ausrichten, mit ihr kooperieren und sich genauso mit einbringen dürfen.
Unser Tipp: Über Raumvorgaben lässt sich der Walk strukturieren. Darüber lassen sich zum Beispiel Räume zum Ableinen oder zum Lösen etablieren, aber auch zum Schnuppern oder für gemeinsames Spiel oder Training. Grundsätzlich sollte der Hund auf dem Weg in Sichtweite bleiben, statt im Unterholz oder auf dem Feld zu verschwinden. Die Leine ist dabei die Hand zum Hund und damit viel mehr als nur ein Hilfsmittel.
Beispiel aus Ursulas Alltag: „Endlich hebt Jungrüde Ben sein Beinchen beim Pinkeln. Er bleibt nun allerdings auch alle paar Meter abrupt stehen oder zieht mich zu einem Ziel seiner Wahl, um dort seine Markierung zu setzen. Hunde müssen jedoch lernen, nicht alles anzupinkeln. Außerdem tut mir sein Ruck an der Leine weh und wir kommen ständig ins Stocken. Ich weise ihn also im Straßenbereich an, das Markieren zu unterlassen. Dafür nehme ich die Leine kurz

Das Markieren sollte sich in Maßen halten. Wenn der Hund alle paar Meter eine Duftnote absetzt ist das überzogen.

Tür auf bedeutet nicht, direkt durchzustarten, sondern zu warten, bis es losgeht. Diese Regel wird im Haus etabliert und gilt auch im Bereich des Autos.

und achte darauf, dass wir im Laufrhythmus bleiben. Erst an einer geeigneten und von mir ausgewählten Stelle, gebe ich ihm Raum zum Lösen. Im Wald angekommen, löse ich die Leine, lasse ihn aber weiter neben mir laufen, so als sei er noch angeleint. Dann öffne ich den Raum in einem Radius von circa vier Metern zum Schnüffeln und Laufen. Ein größerer Bereich würde Ben noch überfordern und bei dann auftauchenden Reizen hätte ich die berechtigte Sorge, ihn nicht mehr zu erreichen."

„Wie soll sich der Hund an der Leine verhalten?"

Für entspannte Runden mit dem Hund sollte der Hund erfahren und lernen dürfen, welches Verhalten von ihm an der Leine erwartet wird. Möchte der Hund seinem Menschen zeigen, wo es langgeht? Dann darfst du dich fragen, wer hier wen führt. Die Leinenführung beginnt immer bei dir und davon gilt es deinen Hund zu überzeugen.

Unser Tipp: Hunde, die aus dem Tierschutz kommen, kennen oft die verlässliche Begrenzung über die Leine nicht. Freilaufen und toben kann jeder Hund, der Gang an der Leine aber muss erlernt werden und ist reine Übungssache. Selbst wenn dein Hund keine Leine benötigt, sollte auf eurem Tagesplan der Gang an der Leine stehen.

Beispiel aus Ursulas Alltag: „Jung-Schäferhund Heinrich läuft schon recht ordentlich an der Leine, möchte aber jeden Menschen, der uns begegnet, einmal kurz beschnuppern. Das möchte ich nicht. Er soll seine Nase bei sich lassen und nicht sein Umfeld belästigen. Kommen Passanten vorbei, nehme ich ihn kürzer und mahne ihn leise mit der Stimme. Manchmal sage ich ‚Heinrich!', ein anderes Mal, werde ich deutlicher mit einem gezischten ‚Lass es!' Dabei bleibe ich im Fluss, so kann ich unseren Rhythmus halten, denn das ist es ja, worauf ich hinarbeite: ein entspanntes gleichmäßiges gemeinsames Laufen."

01

02

01 Galga Valerie kennt das Stadtleben nicht. Eine kurze, anstehende Leine gibt ihr Halt.

02 Die seitliche aufgelegte Hand erdet Valerie und schafft Raum zum Durchatmen.

01

02

01 Ist dieser Hund gefährlich?

02 Nein! Er hat gelernt seine Belange durchzusetzen. Die Leine hält ihn davon ab und darüber beschwert er sich.

03 Die Leine bleibt auf Zug, der Hund ignoriert die Grenzsetzung seiner Halterin und setzt sein Vorhaben fort.

03

„Wie soll sich der Hund bei Fremdhunden verhalten?"

Eine Kontaktaufnahme und der Ablauf einer Fremdhundebegegnung liegt in der Zuständigkeit der Hundehaltenden, denn sie sind jeweils verantwortlich für ihre Tiere. Die Verantwortung sollte weder an die beteiligten Hunde noch an die anderen Hundehaltenden abgegeben werden.

Unser Tipp: Hunde sind soziale Lebewesen und brauchen soziale Kontakte. Dabei hat Höflichkeit, sich seinem Gegenüber respektvoll zurückzunehmen, auch unter Hunden große Bedeutung. Wie sich der Hund sozial angemessen einbringen kann, lernt er im Austausch mit Artgenossen. Du stehst ihm dabei unterstützend zur Seite, solltest ihm Schutz, genauso wie Anleitung und Begrenzung geben.

Beispiel aus Ursulas Alltag: „Jung-Wasserhündin Kaelie hat in der Hundegruppe noch Sorge vor den stürmischeren Artgenossen. Sie möchte den Austausch meiden, flüchten und sich verstecken. Damit sie nicht mehr im Gebüsch Zuflucht suchen muss, braucht sie die Erwartungssicherheit, dass ihr Mensch ihr Schutz bietet. Dafür halte ich Kaelie während der Interaktionen an der Leine, wird das Spiel energetischer, hole ich sie zu mir in meinen Nahbereich. Hier darf sie von niemandem belästigt werden. Von hier aus lasse ich sie dann wieder expandieren und in den Kontakt mit den anderen gehen. Indem ich den Wechsel zwischen Distanz und Nähe auf ihre Bedürftigkeit anpasse, kann ich ihr einerseits etwas zutrauen, sie fördern und ihr Selbstbewusstsein stärken und andererseits schützen, ohne sie dabei überzubehüten."

„Handbremse ziehen" ist nicht erlaubt – weiter geht's.

FALLBEISPIELE: SCHWIERIGKEITEN AN DER LEINE

Fall 1: Der Hund legt sich ins „Platz" und geht nicht weiter

Ziel: Ich kann Einfluss auf die Raumposition meines Hundes nehmen.

Arbeite mit Bildern, um dein Vorhaben zu visualisieren, z.B. einen rollenden Zug.

Tipp: „Wenn der Zug rollt, dann rollt er." Motiviere deinen Hund engagiert und überzeugungsstark, stimmlich und körpersprachlich deinen Laufrhythmus zu halten. Am besten schon bevor er „die Handbremse" zieht.

Fall 2: Der Hund zieht und zerrt zum Fremdhund hin

Ziel: Ich gebe meinem Hund Führung, damit er sich mir anschließen kann.

Bleibe beim Bild vom Zug. Du bist der/die Zugführer:in, bleibst in deiner Spur und gibst Fahrtrichtung und Tempo vor. Biete deinem Hund darüber standfest Orientierung. Nicht er gibt die Richtung vor, sondern du.

Tipp: Bring deinen Hund in die Aufmerksamkeit, sprich ihn dafür fest an. Überrasche ihn mit einer „Fahrplanänderung" und lauf Schlangenlinien oder Bögen. Lass dich dabei nicht aus deiner Spur ziehen. Ein gleichmäßiger Rhythmus beruhigt und verbindet euch wieder als Team.

Fall 3: Der Hund jault oder bellt

Ziel: Mein Hund hält sich an Regeln im höflichen Miteinander.

Das Bild vom Zug hilft dir auch hier, deine Regeln zu etablieren. Aus dem Fenster schauen ist erlaubt, aus dem fahrenden oder stehenden Zug rauszurufen oder -zuspringen ist nicht erlaubt.

Tipp: Halte Laufrhythmus und Spur und lass dich nicht von der Unruhe deines Hundes anstecken. Achte auch darauf, deine Emotionen zu regulieren. Dein Hund braucht eine unaufgeregte und klare Anleitung. Fass die Leine kurz, ggf. kannst du auch ins Halsband oder Geschirr greifen. Situativ darf die Leine auf Zug sein, dann wieder nachgeben. Du gibst deinem Hund darüber sicheren Halt und keinen Raum für falsche Entscheidungen.

Fall 4: Der Hund geht rückwärts

Ziel: Mein Hund kann sich in für ihn schwierigen Situationen auf mich verlassen.

Nutze das Bild vom „Fels in der Brandung", der auch in stürmischen Zeiten standhaft, unerschütterlich und verlässlich ist.

Tipp: Dein Hund darf sich in solchen Situationen nicht verselbstständigen. Nutze dafür ein gut sitzendes (Zugstopp-)Halsband oder ein Sicherheitsgeschirr. Steh ihm zur Seite, er darf sich nicht in seiner Sorge verlieren. Führe ihn dann standfest, ggf. im Bogen, am Reiz vorbei.

Kontaktaufnahme unerwünscht. Dafür am Wegrand einparken und einen Schutzraum einnehmen. Visualisiere deine Vorstellung, denn das hilft dir dein Vorhaben überzeugungsstark umzusetzen: „Keiner kommt rein und keiner geht raus!"

☞ DER SCHUTZRAUM

Wenn Hunde miteinander agieren, solltest du interessiert bleiben und moderierend Einfluss auf ihre Energie und Bewegungsrichtung nehmen. Du kannst dich mit ihnen bewegen, statt starr eine beobachtende Position einzunehmen. So bleibst du involviert und erkennst rechtzeitig, wenn einer der Hunde in Bedrängnis gerät. Statt zurückzutreten, um den Hunden mehr Raum zum Toben zu geben, solltest du dem besorgten oder auch überdrehten Hund einen Schutzraum bieten, damit er in deinem Nahbereich sicher geschützt, einmal kurz durchatmen kann.

01

03

02

04

05

01 Sarah möchte sich mit den Großen messen und initiiert ein wildes Rennspiel.

02 Auf die entsprechend energetische Antwort hin sucht sie Schutz bei Ursula.

03 „Hier kommt keiner rein!“ Im Schutzraum wird sie über einen seitlichen Touch geerdet und kann in Ruhe durchatmen.

04 Sarah probiert sich mit dem Wissen, wo und wie sie Schutz findet, erneut aus.

05 „Schutzraum bieten“ bedeutet, nicht nur schützend dem Hund zur Seite zu stehen, …

06 … sondern gleichzeitig den Bedrängenden in Front zuhalten und ihn durchsetzungsstark abzuwehren.

06

TAGESABLÄUFE RITUALISIEREN, TEAMSPEZIFISCHE WERTE SCHAFFEN

Manche Hunde haben in ihrem ersten Leben wenig Kontakt mit dem Menschen gehabt, kennen weder Haus noch Stadt. Nach dem Einzug in die Familie brauchen sie vor allem Verlässlichkeit. Also nichts anderes, als dass du hinter dem stehst und das umsetzt, was du deinem Hund angekündigt hast. Mitleid bringt keinen weiter, sondern steht der neuen Beziehung eher im Weg. Statt den Hund mit Liebe zu überfrachten, solltest du seine Signale wahrnehmen und respektieren. Auch Tierschutzhunde sind soziale Lebewesen mit Gefühlen und Bedürfnissen und nicht jeder Hund mag nun mal gleich auf Kuschelkurs gehen. Über klare Vorgaben lässt sich das neue Familienmitglied unspektakulär in den für ihn neuen Alltag integrieren. Manche fordern dabei mehr Geduld, Kompromisse und Empathie von ihren Menschen. Anfänglich abweisendes Verhalten solltest du deswegen nicht persönlich nehmen.

REGELN UND ROUTINEN

Regeln und gleichmäßige Tagesabläufe schaffen für den neu aufgenommenen Hund erwartungssichere Routinen: für den skeptischen, meidenden oder aggressiven Hund genauso, wie für den weltoffenen, unkomplizierten Hund, den Welpen und den Senior. Im täglichen Miteinander werden von Anfang an über konsequentes „Zulassen und Zustimmen oder Nicht-Zulassen und Beschweren“ die Regeln für das Zusammenleben erklärt.

REGELN

Regeln, die konsequent eingefordert werden, lassen sich tatsächlich überraschend schnell etablieren – auch bei schon älteren Hunden, denn Hunde sind bis ins hohe Alter lernfähig. Hab keine Sorge ein klares „Nein“ durchzusetzen, dein Hund hat dich dann nicht weniger gern. Im Gegenteil: Eine zu schwache Grenzsetzung, schwammige Regeln und inkonsequente Umsetzung werden vom Hund zunehmend mit Nichtakzeptanz und ausbleibender Kooperation beantwortet.

Boxer Juna hat ihr erstes Zuhause verloren. Jetzt hat sie eine Familie gefunden, die mit ihr durch dick und dünn geht.

Wissen was der Hund darf und ihn entsprechend anleiten: Gucken ist erlaubt, bellen nicht. Das Stadtleben stellt besondere Ansprüche an den Hund.

Ursula hatte von „Boxerhündin Juna" berichtet, wie schnell sie gelernt hatte, im Fahrradbeiwagen mitzufahren (siehe Seite 155). Die Anfänge gestalteten sich zwar sehr unschön, denn die starke Hündin wollte allen Reizen hinterhergehen und brachte dabei das Fahrrad gefährlich zum Kippen. Aber das Bewusstsein der Gefahr gepaart mit dem Willen, das Boxermädchen von A nach B zu transportieren, halfen der Halterin dabei, ihre Vorstellung von Junas Benehmen im Beiwagen durchzusetzen. Eine verlässliche Leinenführung konnte die Halterin dagegen noch nicht umsetzen. Es ist eben einfach eine verlockend bequemere Handhabe, Juna abzuleinen und sie ausgelassen über die Wiese rennen zu sehen, als mit ihr in den Konflikt zu gehen und sich ihr gegenüber als Führende zu positionieren. Das aber bestärkt die Hündin in ihrem (Fehl) Verhalten und auch in ihrer Nichtakzeptanz und ermutigt sie, sich weitere Freiräume zu schaffen.

Was richtig und was falsch ist, entscheiden letztlich alle Hundehaltenden für ihr Mensch-Hund-Team selbst. Solange niemand anderes dabei belästigt wird oder zu Schaden kommt, ist das auch völlig in Ordnung. Die einen mögen es beispielsweise gern, wenn der Hund mit am Tisch sitzt, die anderen finden, Hunde haben am Tisch nichts zu suchen.
Ursula schreibt: „Wir wohnen mitten in der Stadt und das nicht nur mit einem Hund, sondern gleich mit einer ganzen Handvoll. Bei uns gilt die Regel: im häuslichen Bereich wird bitte nicht gebellt. Weder wenn jemand am Haus vorbeigeht, noch wenn es an der Haustür klingelt und auch nicht bei Besuch. Mir wäre es einfach zu laut, wenn die ganze Mannschaft anschlägt und natürlich soll auch unser Umfeld nicht belästigt werden." Jede Familie kultiviert die ihr wichtigen Regeln, daraus ritualisieren sich familieneigene Abläufe mit teamspezifischen Werten.

DREI GRUNDREGELN

Jeder kann tun und lassen, was er möchte, solange niemand anderes beeinträchtigt oder geschädigt wird. Es gibt jedoch drei Grundregeln, die wir allen Hundehaltenden ans Herz legen möchten:

1. Erst der Mensch, dann der Hund. Hunde sollten lernen, sich dem Menschen gegenüber zurückzunehmen.
2. Klares Verbot: Verletzungsabsicht und Vandalismus.
3. Gewährleistung des Grundbedürfnisses von Ruhe und Entspannung

01

Unser Tipp: Einem Hund, der dich auf Wanderungen begleiten und auch auf wildreichen Pfaden nicht jagen gehen soll, vermittelst du andere Werte als einem Hund, der professionell als Jagdhund arbeiten soll. Je genauer deine Vorstellung davon ist, wie sich dein Hund in euren Alltag einbringen und welche Aufgaben er darin übernehmen soll, desto verständlicher und präziser kannst du ihm dies vermitteln. Hunde können manches besser als wir, deswegen ist es ja auch erwünscht, dass sie uns helfen. Wenn dein Hund deinen Status respektiert, dann darf er dir hilfreich zuarbeiten und situativ auch führende Aufgaben übernehmen.

DER FOKUS LIEGT AUF ALLTAGSTAUGLICHKEIT

Im Zusammenleben mit dem Hund liegt der Fokus darauf einen normalen Alltagsrhythmus zu finden. Dafür lässt sich das Umfeld, der Raum, der euch umgibt, durch örtliche oder soziale Grenzen definieren, die zusätzlich an Zeiten gekoppelt sind. **Örtliche Grenzen** können zum Beispiel im Haus Ruhe- oder Spielbereiche sein. **Fixpunkte** erleichtern bei den Raumvorgaben die Umsetzung, so ist beispielsweise das Sofa nur im Bereich der Hundedecke (Decke = Fixpunkt) zum Ruhen freigegeben (Seite 136). Auch unterwegs in der Natur lässt sich über örtliche Grenzen Raum schaffen. Ein Weg zum Beispiel, zeigt über seine andersartige Bodenbeschaffenheit gut erkennbare Fixpunkte. Hier wird nur der Bereich „Weg" für den Hund freigegeben, Unterholz und Wiese sind geschlossen. Ursula berichtet aus ihrem Alltag: „Wenn ich mit meiner Hundegruppe nun auf solch einem Weg unterwegs bin, nehmen wir diesen Raum situativ (Zeit) ein: der Weg ist voll beziehungsweise von uns besetzt. Wir sind jedoch nicht allein unterwegs und müssen uns den Weg teilen. Kommen uns Passanten entgegen, formiere ich die Gruppe um mich herum und signalisiere so, dass es sich hier um eine geschlossene Gesellschaft handelt. Diese soziale Grenzsetzung schafft Raum für die Gemeinschaft, grenzt sie zum einen nach außen hin ab und stärkt zum anderen unser Zusammengehörigkeitsgefühl."

Soziale Grenzen zeigen Persönlichkeitsbereiche beziehungsweise Wohlfühlräume an. Die können sich wie in dem genannten Bei-

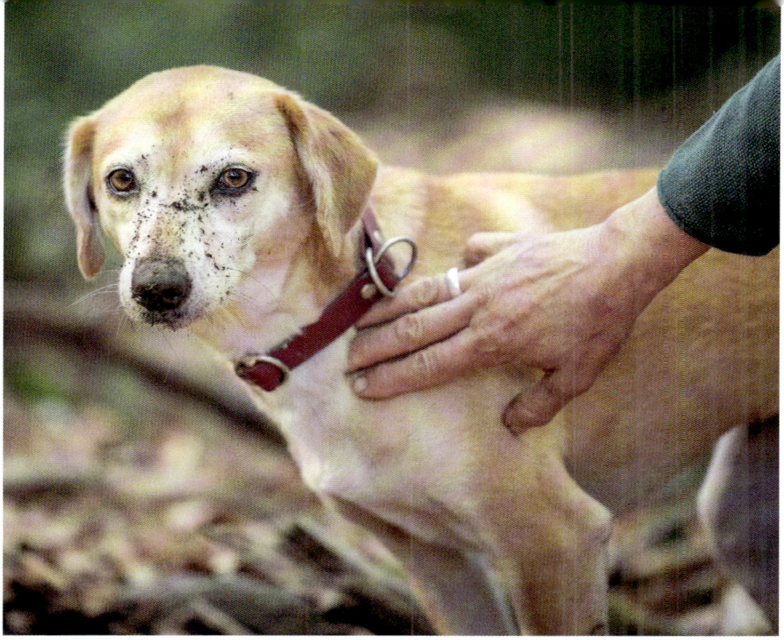

02

01 – 04
Jule verliert sich im Buddeln und ist nicht mehr ansprechbar. Ursula berührt sie an der Schulter, unterbricht sie in ihrem Tun und erhält ihre Aufmerksamkeit. Die Grenzsetzung schafft Raum fürs Miteinander, denn sie holt Jule wieder ins Gespräch.

03

04

spiel auf die Gruppe beziehen, können aber auch den Einzelnen beschreiben. Wenn du zum Beispiel auf dem Sofa liegst, ein Buch liest und deine Ruhe haben möchtest, dein Hund aber dauernd auf deinen Schoß klettert, darfst du dich abgrenzen, beispielsweise verbal: „Ich möchte das jetzt nicht!“ oder „Lass es jetzt“ oder auch körperlich, indem du den Hund von deinem Schoß schiebst.

Verläuft die Grenzsetzung nicht klar genug, halbherzig oder inkonsequent, wird der Hund seinen Aktionsraum stetig vergrößern und auf folgende Begrenzungsversuche mit Nichtakzeptanz und Ignoranz reagieren. Mit zunehmender Maßlosigkeit schwindet seine Fähigkeit sich selbst zu regulieren, zum Beispiel auch Frust auszuhalten, und damit auch seine Alltagstauglichkeit.

ZU SCHWACHE GRENZSETZUNG

Der Hund gibt darauf Feedback

— Er erweitert seinen Aktionsradius, bis hin zu: er verselbstständigt sich.
— Er akzeptiert kein „Nein" mehr, = Akzeptanz und Respekt sinken.
— Kooperations-, Konflikt- und Kritikfähigkeit sinken.

Sozial auffällige Verhaltensweisen wie Meiden oder unangemessene Aggression verstärken und manifestieren sich.

TIPPS ZUR ALLTAGSTAUGLICHKEIT

STUBENREINHEIT

Hunde aus dem Tierschutz, vor allem die Junghunde, müssen erstmal lernen sich draußen zu lösen. Wenn es gut läuft, signalisieren sie durch Unruhe, Winseln oder Bellen, wenn sie raus möchten. Grundsätzlich solltest du nach dem Aufwachen des Hundes und nach jeder Futteraufnahme vor die Tür. Gehe lieber einmal mehr als einmal zu wenig, dafür aber möglichst kurz raus. Suche dabei draußen immer die gleiche Stelle auf und etabliere sie als „Toilette". Achte darauf, dass du den Hund währenddessen nicht unterbrichst, also schon freudig aufrufst, während er noch sein Geschäft macht. Du solltest ihn auch nicht mit Leckerli belohnen, denn sich zu lösen ist das Normalste von der Welt. Wenn der Hund sich nicht löst, gehe wieder rein und achte aber konsequent, dass er sich nicht im Haus ein stilles Örtchen sucht. Halte den Hund anfangs im Haus an der Leine, auch nachts. Dann merkst du, wenn er unruhig wird und kannst mit ihm nach draußen gehen.

Unser Tipp: Bei hartnäckig markierenden Hunden lässt sich mit der Verwendung von Hundewindeln Druck aus der Situation nehmen.

01

01 – 02
Elmo hat Sorge vor der Treppe. Er blockiert und als Kathrin ihn abholt, schießt er nach vorn.

03 – 04
Leine kurzfassen, Hund abholen, Ruhe vermitteln und ggf. dabei berühren. Kurzhalten, Schritt für Schritt gemeinsam hinuntergehen.

BODENBELÄGE

Glatte Bodenbeläge sind grundsätzlich schwierig für Hunde, und das nicht nur für die, die aufgrund ihrer Vorgeschichte das Leben im Haus nicht kennen. Es braucht nicht mal schnelle Bewegungen, um böse auszurutschen und sich dabei arg zu verletzen. Manche Bodenbeläge, zum Beispiel Laminat, machen zusätzlich viel Lärm, wenn die Hunde darüberlaufen. Das verunsichert manchen Hund und nervt auch das Umfeld.

Unser Tipp: Ein Bodenbelag lässt sich nicht mal eben ändern, aber man kann mit Teppichläufern arbeiten und so Laufwege für den Hund gestalten. Ist der Hund temperamentvoll, sollte er nicht im Haus spielen und rennen. Solche Aktionen lassen sich gut nach draußen verlagern. Hilfsmittel ist die Leine (siehe Seite 146, Raumvorgaben).

02

03

TÜREN

Einige Hunde haben Sorge, durch Türöffnungen zu gehen. Häufig lösen sie das Problem, indem sie möglichst schnell, manchmal sogar panisch hindurch sausen.
Unser Tipp: Den Hund anleinen, neben sich ausrichten und durch den Türbereich führen. Die Tür sollte dabei arretiert sein und nicht klappern oder gar gegen den Hund schlagen. Es wird bei dieser Übung auf jeden Schritt geachtet, ein Schritt nach dem anderen. Der Hund soll beim Durchschreiten der Tür das Tempo nicht beschleunigen und sich auch nicht seitwärts aus der Führung drehen. Hilfsmittel ist dann ein Geschirr, in das man ruhig und bestimmt hineingreift, um den Hund kontrolliert neben sich zu halten.

TREPPEN

Treppen sicher zu laufen gehört zum Alltag und sollte für den Hund zur Selbstverständlichkeit werden. Viele Hunde kennen es jedoch nicht, Höhenunterschiede durch Treppen zu überwinden und verweigern sich. Leckerlis auf die Stufen zu legen kann motivieren, sie geben aber keine Hilfestellung.

04

Unser Tipp: Es ist deine Aufgabe dem Hund zu vermitteln, dass eine Treppe nichts Gefährliches ist, sondern im Gegenteil, wie schön es ist, gemeinsam die nächste Etage zu erreichen. Leine den Hund an, gehe entschlossen zur Treppe und blicke dabei in die Laufrichtung (nicht auf den Hund). Ziel ist der nächste Treppenabsatz, die obere Etage. Halte beim Hinauflaufen die Leine so, dass sie nicht durchhängt, sondern dem Hund Halt gibt. Achte darauf deinen Hund nicht hinter dir herzuziehen. Bleib standfest, wenn er sich wehrt und halte die Leine dabei ruhig, aber gespannt.

Die Leine soll lediglich den Hund zuverlässig begrenzen und den Weg nach hinten dicht machen. Dein Hund darf sich hierbei nicht aus dem Halsband rauswinden, denn Flucht ist keine Option. Sie wäre nichts anderes als ein Meiden der unbekannten Situation. Lockere die Leine wieder und gebe erneut Raum zum Nachrücken. Sollte sich dein Hund komplett verweigern, dann gehe auf seine Höhe zurück und starte von dort erneut, aber diesmal gemeinsam. Springt dein Hund jedoch zurück an den Treppenanfang, schließe wieder zu ihm auf und führe ihn eine Runde im Kreis. Dann geht es wieder zur Treppe und ohne Kompromiss nach oben. Auch bei der Treppenübung kann ein Geschirr hilfreich sein, vor allem wenn es abwärts geht. Das ist nämlich viel schwieriger für die Hunde. Hier sollte der Hund kurzgehalten werden, gegebenenfalls ins Halsband oder besser ins Geschirr greifen, und Stufe für Stufe geht es nun hinab. Je beherzter du vorgehst, desto klarer kannst du deine Hilfestellung umsetzen und Sicherheit vermitteln.

FERNSEHER

Ich beobachte immer wieder, dass einige der aufgenommenen Schützlinge die Geräusche aus der Medienwelt nicht zuordnen können, sich fürchten oder sich für den „Angriff" wappnen und bellend auf die Geräuschquelle stürmen.

Unser Tipp: Beim Schauen den Ton etwas leiser stellen, es darf ruhig Rücksicht auf die empfindlichen Ohren des Hundes genommen werden. Beruhigendes Zureden hilft, aber bitte in Maßen. Der Hund sollte sich nicht in seiner Sorge bestätigt fühlen. Von Kopfhörern raten wir ab, denn der Hund kann sich über Fernseher und Co in vertrauter Umgebung wunderbar an Umweltgeräusche gewöhnen.

AUTO FAHREN

Die meisten Hunde fahren selbstverständlich Auto. Einige gehen jedoch gar nicht erst hinein oder drehen während der Fahrt so richtig auf, während wieder andere sich postwendend übergeben.

Unser Tipp: Wenn der Hund nicht ins Auto einsteigen möchte, solltest du dich weder aufregen noch verunsichern lassen, denn dann bist du ihm keine Hilfe. Bleibe klar in dem was notwendig ist und hebe deinen Hund gegebenenfalls mit sicherem Griff in die Transportbox. Überprüfe vorab, ob der Hund gehoben werden mag, oder ob du dafür einen Maulkorb benötigst. Achte auf deinen sicheren Stand und darauf, dass die Tür offensteht und beim Hineinheben nicht stört. Dann die Boxentür schließen, dem Hund einmal beruhigend zunicken und die Autoklappe schließen. Du kannst deinen Hund auch mit Leckerli motivieren. Achte dabei aber darauf, nur das gewünschte Verhalten zu belohnen.

Auto fahren sollte in kurzen Sequenzen im parkenden beziehungsweise stehenden Auto geübt werden. Autoklappe also wieder öffnen, den Hund in Ruhe und kontrolliert herausspringen lassen, eine kleine Runde laufen und wieder hinein ins Auto. Dann ausweiten und sich ans Steuer setzen und mal den Motor anmachen.

Diese Übung lässt sich jeden Tag langsam steigern und wiederholen, aber grundsätzlich bleiben die Abläufe unspektakulär.

Die erste Fahrt sollte kurz und mit etwas

Den Hund mit sicherem Griff ins Auto heben und klar bleiben in dem, was notwendig ist.

Angenehmen verbunden sein, zum Beispiel mit einem kleinen sich anschließenden Walk. Gerade bei den stark erregten Hunden ist darauf zu achten, das Aussteigen ruhig zu gestalten und den Hund so lange an der Leine zu lassen, bis er seine Aufregung regulieren kann.

Neigen Hunde zur Übelkeit beim Autofahren, solltest du spätestens drei Stunden vor Reisebeginn die letzte Mahlzeit geben und auch auf Leckerchen verzichten, denn ein voller Magen kann die Reisekrankheit verstärken. Frisches Wasser muss allerdings immer zur Verfügung stehen.

Bei leichter Übelkeit können Ergänzungsfuttermittel mit Ingwer und Melisse oder Zylkene den empfindlichen Hundemagen besänftigen. Wichtig ist es, die individuellen Bedürfnisse deines Hundes stets zu beachten, um die beste Lösung für die Reiseübelkeit zu finden. Manche Hunde vertragen zum Beispiel das Fahren in der Box nicht. Ihnen könnte ein mit Hundegitter gesicherter Kofferraum helfen, damit sie während der Fahrt aus dem Fenster schauen können. Schaffe eine ruhige, entspannte Atmosphäre. Ein vertrauter Gegenstand wie eine Decke oder ein Spielzeug können deinem Hund während der Fahrt zusätzlich Sicherheit geben. Frust und Ärger sind dagegen nicht hilfreich, der Hund kann wirklich nichts dafür und auch Mitleid ist nicht förderlich. Besser ist es, gut vorbereitet zu sein, Küchenrolle, „Kotztüten" einzupacken und es mit

Humor zu nehmen. Bei starken Symptomen sollte ein Tierarzt konsultiert werden, um die Ursache der Reisekrankheit abzuklären und andere Krankheiten auszuschließen.

Der Griff ins Geschirr hilft dir, deinen Hund aus der Situation zu drehen.

FAHRRÄDER, PFERDE & CO

Bewegungsreize haben es in sich, gerade Fahrräder, Pferde, Jogger aber auch Autos, Blätter, Schmetterlinge, Eichhörnchen und vieles mehr können beim Hund Jagd- und Hetzverhalten auslösen. Verliert man den Hund hier aus dem Gespräch, verselbständigt er sich und belohnt sich selbst mit einer kräftigen Dopamin-Ausschüttung. Gegen solch freigesetzte Glücksgefühle können Leckerli als Motivation oder Belohnung nicht mithalten.

Unser Tipp: Den Hund vorausschauend führen und rechtzeitig anleinen. Auch an der Leine kann der Hund sich verlieren. Um das zu verhindern, sollte die Führseite gewechselt, der Hund vom Reiz wegbewegt und die Distanz vergrößert werden. Hilfreich kann hier zusätzlich ein Geschirr sein, um den Hund an sich auszurichten oder aber auch um ihn aus der Situation zu drehen. Achte in diesen Situationen auf deine Standfestigkeit. Dein Hund sollte dich nicht von den Beinen oder aus deiner Laufspur ziehen.

Der Griff ins Geschirr bedrängt den Hund.

Bleib dennoch klar, in dem was nötig ist.

01

01 *Wenn du möchtest, dass dein unsicherer Hund dir folgt, musst du vorangehen und führen. Drehst du dich zu ihm um, bedrängst du ihn.*

02 *Fordern und Fördern heißt in stressigen Situationen deinem Hund wie ein „Fels in der Brandung" zur Seite zu stehen.*

MÜLLTONNEN UND ANDERE „SPOOKY" DINGE

Der Hund läuft prima an der Leine, aber bei Mülltonnen, Fahnen, Vordächern oder anderen „unheimlichen" Dingen blockiert er und will nicht weiterlaufen.

Unser Tipp: Zeigt der Hund derartiges Verhalten, ist es wichtig, ihn dabei nicht anzuschauen und zu sich ziehen zu wollen. Er kann sich dann nicht anschließen und folgen, denn dein direkter Blick hält den Hund auf Abstand. Zunächst gilt es, die Sorge des Hundes ernst zu nehmen, auch wenn es einem lächerlich erscheint, so hat der Hund ja doch große Bedenken. Sieht man nun eine mögliche Irritation, sollte schon bevor der Hund blockiert, darauf Rücksicht genommen und die Distanz zum Hindernis vergrößert werden, z. B. indem man einen Bogen läuft oder die Straßenseite wechselt. Im Fokus ist die Laufrichtung und beim Gehen wird ein gleichmäßiger Laufrhythmus gehalten. Der Hund erfährt, dass es weitergeht, er aber in seiner Sorge ernst genommen wird. Nun kann sich der Hund, in dem Wissen, dass er verstanden wird, in die Führung fallen lassen und du darfst ihm

02

mehr zumuten. Die Distanz wird nun Stück für Stück verkleinert und die irritierenden Dinge im Lauf der Zeit normalisiert. Die Normalisierung ist aber nur möglich, wenn du nicht zu großes Aufheben darum machst und auch deine Rücksichtnahme braucht ein gesundes Maß. Der Wunsch, den Hund zu fordern und zu fördern sollte überwiegen.

☞ ALLEINBLEIBEN

Hunde sind gern gesellig und sollten nicht unnötig allein bleiben. Auf keinen Fall aber länger als drei bis fünf Stunden, denn Hunde sind soziale Lebewesen und brauchen den sozialen Kontakt.

DIE ERSTEN TAGE MIT DEM NEUEN HUND

Der frisch aufgenommene Hund darf jedoch erst einmal Urvertrauen entwickeln, dafür braucht er zunächst deine begleitende und unaufgeregte Nähe. Du kannst mit ihm ggf. über die Leine verbunden die neue Umgebung erkunden und ihn mit deinen Abläufen bekannt machen. Nimm ihn beispielsweise morgens nach dem Aufstehen mit ins Bad oder zum Kochen mit in die Küche. Er sollte auch gleich mit ins Büro dürfen. Weise ihm jeweils einen Ruheplatz in deinem Nahbereich zu (Hilfsmittel sind die Box, Seite 186 bzw. die Hausleine, Seite 184f.).

GEWÖHNUNG ANS ALLEINSEIN

Haben sich die Tagesabläufe nach drei bis vier Tagen normalisiert, darf dein Hund nun erfahren, dass du ihn nicht verlässt und er auch ohne dich sein kann. Nutze dafür einen Raum oder einen Bereich in deiner Wohnung, in dem du dich tagsüber viel und ruhig aufhältst, z. B. neben deinem Schreibtisch. Hier lernt dein Hund sich nun langsam an das Alleinsein zu gewöhnen. Geh dafür aus dem Raum, schließe die Tür hinter dir und lass ihn kurz allein, beispielsweise um dir einen Kaffee zu holen. Kehre ohne viel Aufsehen in den Raum zurück und setze deine ruhige Tätigkeit fort.

Dein Hund darf lernen, …

— dich nicht für sich zu beanspruchen = Ressource Mensch.
  Tipp: Du gehörst dir und nicht deinem Hund. Grenze dich ab und achte auf deinen Individualraum.

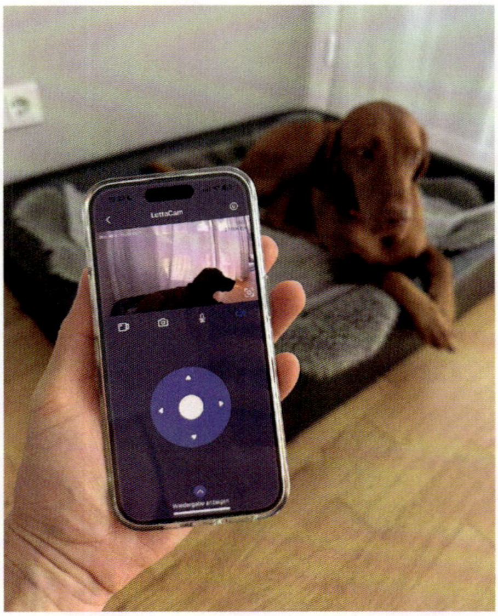

Verschiedene Apps ermöglichen dir bei Abwesenheit deinen Hund weiterhin im Blick haben.

Voraussetzung ist eine gut aufgestellte Petcam in deinem Zuhause. Davon gibt es zahlreiche Modelle.

Die Box bietet als kuschelige Höhle Geborgenheit und Schutz. Sie garantiert dem Hund auch im turbulenteren Umfeld, z. B. im Büro oder in kinderreicher Familie einen ruhigen Rückzugsort.

- dich nicht zu kontrollieren (stalken) = Status klären.
  Tipp: Kommuniziere deinen verantwortlichen Status und etabliere von dir unabhängige Ruhezonen.
- Langeweile auszuhalten = Grundbedürfnis Ruhe.
  Tipp: Emotionsregulation beginnt bei dir. Ein schlechtes Gewissen zu haben ist wenig hilfreich. Verwende deswegen weder Leckerlis, Kaustangen noch Lieblingsspielzeug, denn dein Verlassen des Raums ist das Normalste der Welt.
- Allein zu sein = Selbstwirksamkeit für Hund und Mensch.
  Tipp: Schaffe Auszeiten für dich und deinen Hund (siehe Seite 185, Ruhe braucht Raum).

Steigere die Zeiten und nutze ggf. eine Cam, um deinen Hund während deiner Abwesenheit zu beobachten. Anzeichen von Stress können z. B. übermäßiges Hecheln, Bellen oder Jaulen (loneliness cry) und auch Zerstörung sein. Dann sollte die Zeit des Alleinbleibens unbedingt reduziert und gffs. auch professionelle Hilfe in Anspruch genommen werden.
Das Alleinsein unterliegt Reifeprozessen. Je älter der Hund wird, desto besser kann er seinen Frust über deine Abwesenheit regulieren. Entspannt und zufrieden wartet es sich besser. Wenn du also weißt, dass ein Termin ansteht, bei dem der Hund nicht mit kann, kannst du ihn über einen schönen Spaziergang auslasten, ihn füttern und ihm anschließend seinen Ruheraum zuweisen. Auch ein ruhiges: „Ich bin gleich wieder da!" kann für euch beide hilfreich sein.

ALTERNATIVE LÖSUNGEN

Wenn der Hund regelmäßig über längere Zeiträume allein bleiben muss, sollten Betreuungslösungen bei Hundesitter:innen gesucht werden. Hier kann er unter Seinesgleichen sein und feste Freundschaften schließen.

Die kleine Sarah hat große Freude am Apportieren.

RUHE VERSUS UNRUHE

Hunde sind rassebedingt mit rassetypischen Talenten ausgestattet, so bringt der Schäferhund zum Beispiel das geworfene Spielzeug zurück, während der Windhund es eher durch die Gegend schleudert, um es dann liegen zu lassen, denn holen soll es der Werfende selbst. Während des Spiels können Hundehaltende unbeabsichtigt angeborene Begabungen schulen und Verhalten, wie zum Beispiel das Jagen und Hetzen, aktivieren. Dabei werden Bedürfnisse geweckt, die sich mit zunehmenden Angebot immer mehr steigern, statt zu befriedigen. Wird zum Beispiel dem scheinbar nicht müde werdenden Hund immer weiter ein Ball geworfen, ist dieser anschließend vielleicht körperlich erschöpft, aber sicher nicht zufrieden. Während der Hund jedes Mal aufs Neue dem Ball hinterherhetzt, werden Wahrnehmung und Denken zunehmend eingeschränkt. Der Drang seinem Impuls ohne Rücksicht auf Verluste nachzugehen, wird dagegen gefördert.

»Faustregel: Aktivität aktiviert – Ruhe beruhigt.«

Ursula erinnert sich an Whippet Carlo: „Wenn man einen Ball in die Hand nahm, ließ er alles stehen und liegen und hatte an nichts anderem mehr Freude. Vor Eifer rasend, war er nicht mehr er selbst, kläffend und übergriffig forderte er das Werfen ein. Beteiligte sich ein weiterer Hund am vermeintlichen Spiel, dann biss er kräftig zu, auch ohne Rücksicht auf eigene Verluste. Ausschließlich das Objekt der Begierde war das, was für ihn zählte!"

Unbemerkt kann sich daraus ein Suchtverhalten entwickeln, dann reicht das Ballspiel oft nicht mehr aus und der Hund wird sich auch anderen Bewegungsreizen zuwenden. Hunde aus zweiter Hand mit entsprechenden Vorerlebnissen, beispielsweise bei Rassen wie Schäferhund, Border Collie, Boxer und auch bei Whippet Carlo, brauchen wie bei jedem Suchtverhalten Zeit und Geduld für die Entwöhnung. Solch hochveranlagte Hunde werden nur dann zu ausgeglichenen Begleitern, wenn sie ausreichend Ruhe erfahren (siehe Seite 187). Weitere Aktivitäten, wie zum Beispiel mit einer Wurfschleuder den Ball über noch größere Distanzen werfen, sind kontraproduktiv.

Unser Tipp: Besser ist es auf Wurfspiele ganz zu verzichten und stattdessen die Spaziergänge entspannt zu gestalten. Das Spielzeug kann zum Beispiel versteckt, mit einer Warteübung für den Hund kombiniert und anschließend von ihm gesucht werden.

TIPPS FÜR DIE RUHEFINDUNG

DER ANFANG

Ursula rät: „Bei der Aufnahme eines neuen Pflegehundes beginne ich mit ruhiger Nähe. Dafür lasse ich den Hund an der Leine und halte ihn in meinem Nahbereich. Um ruhige Nähe zu vermitteln, muss ich meine zusätzlichen Arbeiten reduzieren und selbst runterfahren. Wenn es an der Tür klingelt, nehme ich den Neuen unaufgeregt mit und stelle Fehlverhalten gleich von Anfang an richtig. So lernt der Hund mit meiner Hilfe unsere Abläufe kennen. Skeptischen oder scheuen Hunden biete ich eine Box als Rückzugsort an, aber auch hier bleibe ich in unmittelbarer Nähe. Sie müssen allerdings nicht mit zur Tür gehen, denn das würde sie zu Beginn überfordern. Sie sollen erfahren, dass sie trotz meiner Nähe in Ruhe gelassen werden. Die Leine lasse ich immer am Hund. So muss ich nicht nach ihm greifen oder in die Box krabbeln, um ihn anzuleinen und hinauszubitten."

Eine leichte Leine (= Hausleine) am Hund lassen, aufnehmen und einladen, statt hinterherlaufen und greifen.

DER ZWEITE SCHRITT

Der Hund bekommt einen Ruhebereich zugewiesen. Um den Ruheraum verlässlich zu etablieren, verwendest du eine Hausleine. Das ist keine Strafe, sondern dient der so wichtigen Ruhefindung. Wird der Hund hier aufgeregter, muss ein Schritt zurückgegangen werden und der Schützling wieder im Nahbereich mitgeführt werden, denn er kann dann die Distanz zu dir noch nicht ertragen. Um sich vor Manipulation zu schützen, ist es wichtig sein Ziel nicht aus den Augen zu verlieren: Ziel ist die Ruhefindung auch ohne die Nähe des Menschen, am besten verknüpft mit dem zugewiesenen Ruheplatz.

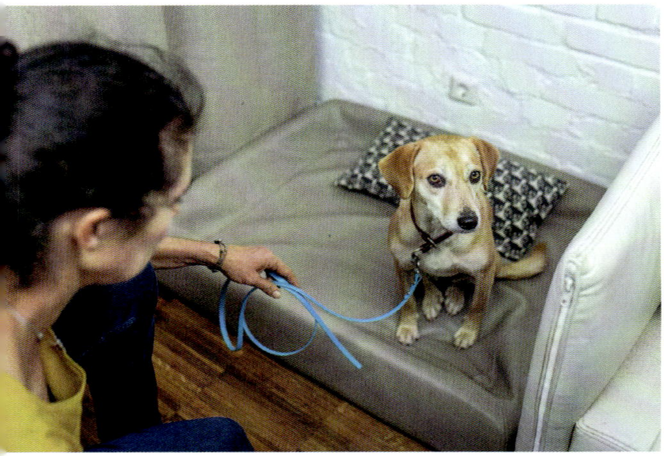

Die Hausleine: eine am Hund befestigte leichte Leine.

Sie hilft dir u. a. Ruhebereiche zu etablieren.

DIE STEIGERUNG

Stück für Stück wird nun im Dialog mit dem Hund Distanz und Zeitspanne gesteigert. Anfangs stehst du auf und gehst durch den Raum, bringst also Energie in die Situation. Das können einige Hunde schon nicht aushalten und springen auf. In so einem Fall erinnerst du deinen Hund daran, dass er bitte liegen bleiben soll. Dabei brauchst du nicht über aufgebaute Kommandos wie z. B. „Decke!" arbeiten, denn dadurch entsteht beim Hund eine Erwartungshaltung auf eine Belohnung, sowohl nach dem Wunsch noch mehr zu tun als auch nach der Auflösung des Kommandos. „Normale" Kommunikation ist nicht nur für den Hund, sondern auch für uns Menschen viel lebensnäher. Du sprichst deinem Hund gegenüber ganz normal aus, was du von ihm erwartest, und passt dabei die Deutlichkeit deiner Kommunikationsmittel seinem Verhalten an. Das kann ein mildes „Geh bitte schlafen", oder ein strengeres „Jetzt aber ab Marsch, Schlafenszeit" sein, verbunden mit einer richtungsweisenden Geste, einem weichen oder aber auch festen strengen Blick. Legt der Hund sich ab, reicht ein zustimmendes Nicken völlig aus, denn mehr Lob würde den aufgeregten Hund nur wieder aufregen und jedes Leckerchen die Hoffnung auf mehr schüren. Kann dein Hund dann bei deinen Aktivitäten im Raum Ruhe halten, kannst du das Zimmer, Step by Step, in immer länger werdenden Zeitspannen verlassen.

KONSEQUENZ

Konsequenz ist keine Spaßbremse, sondern bietet dem Hund Sicherheit. Klingelt es an der Tür und es kommt Besuch, ist dies weder eine Unterbrechung der Ruhephase noch der Auftakt für eine Hundeparty, sondern es wird weiter geruht. Du solltest in diesem Punkt vor allem in der Mehrhundehaltung keine Ausnahmen machen, denn schon ein aufspringender und bellender Hund, würde den Schlaf der anderen irritie-

Lili weist Josy einen Ruheraum zu.

Hier darf sie nicht bedrängt werden.

ren. Auch in der Einzelhundehaltung sind es deine Freund:innen, die du empfängst und nicht die deines Hundes. Dazu ein Vergleich aus der Menschenwelt: Stell dir vor, dein Kind würde beim Klingeln zur Tür laufen und deinen Besuch anbrüllen: „Du darfst hier nicht rein!" Das ist schlichtweg ungezogen, zusätzlich nervig und peinlich. Am besten du mahnst deinen Hund schon bevor er ins Fehlverhalten fällt, zum Beispiel: „Ich möchte das nicht!" und weist ihm seinen Ruhebereich zu. Die am Hundeplatz befestigte Hausleine (bitte nur unter Aufsicht des Menschen!) hilft dir konsequent zu bleiben und unaufgeregt, Einfluss auf das Verhalten deines Hundes zu nehmen.

RUHE BRAUCHT RAUM

Jeder Hund definiert seinen Wohlfühlbereich anders. Du solltest wissen, wieviel Platz dein Hund für Ruhe benötigt. Achte darauf, dass er weder von der Familie noch vom Besuch bedrängt wird. In der Mehrhundehaltung gilt das auch für die anderen Hunde.

Die Box bietet dem Hund einen sicheren und ruhigen Rückzugsort.

»Ein in Ruhe gelassener Hund, wird in Ruhe ein gelassener Hund.«

BOX: HUNDEHÖHLE & RÜCKZUGSORT

Wenn du eine Abneigung gegen Hundeboxen hast, wird das dein Hund sofort spüren und die Box als Rückzugsort meiden. Wenn du aber selbst davon überzeugt bist, deinem Hund mit der „Boxen-Höhle" einen wichtigen Ruheplatz zur Verfügung zu stellen, kannst du dies auch entsprechend vermitteln. Die Hundebox sollte nicht abseits in einem anderen Zimmer stehen, denn sie ist nicht dazu da den Hund wegzusperren. Sie sollte an einem ruhigen Platz im Geschehen stehen und wie eine Höhle wirken, soll weich

ausgepolstert und einladend sein. Viele Hunde, gerade die scheuen, schlüpfen freiwillig in die Box und sind froh einen Rückzugsort gefunden zu haben. Andere lassen sich über Futter oder Spielzeug in die Höhle locken. Ursula empfiehlt: „Ich platziere die Box anfangs neben meinem Schreibtisch, lasse die Tür offen und versperre jedoch mit meinem Fuß den Ausgang. Da ich dabei entspannt und ruhig weiterarbeite, legen sich die meisten Hunde ab und schlafen. Am darauffolgenden Tag stehe ich kurz auf und gehe mir einen Kaffee holen. Verlässt der Hund die Box und folgt mir nach, wird das sofort richtiggestellt. Steigere ich nun meine Abwesenheit, nutze ich eine Petcam, um die Box konsequent als Schlafplatz zu etablieren. Denn die App macht es mir möglich den Hund anzusprechen, um ihn an die Ruheregel zu erinnern." (siehe Seite 180)

Wichtig: Die Box dient nicht dazu den Hund wegzusperren oder ihn allein darin zurückzulassen.

RUHE BRAUCHT RAUM

- **Ort:** Ruheplatz zuweisen. Ruhig, geschützt, gut belüftet, aber nicht zugig.
- **Zeit:** Ruhezeiten im Tagesablauf festlegen: Vormittags- und Nachmittagsschlaf, feste Schlafenszeit.
- **Konsequenz:** Ruhe ist Ruhe, trotz menschlicher Aktivität (auch bei Besuch). Das gilt auch für den Menschen: Distanz zum Schlafplatz einhalten.
- **Nervöse, ängstliche und hyperaktive Hunde** brauchen Hilfe (mehr Halt) fürs Etablieren der Ruhebereiche, z. B. über Hundebox oder Hausleine

RESPEKTVOLLE NÄHE SCHAFFT VERTRAUEN

In der Anfangszeit kann der Maulkorb helfen vertraute Nähe herzustellen.

Je besser man sein Gegenüber kennt und je vertrauter man miteinander ist, desto kleiner darf die Distanz zueinander sein. Wir empfehlen Empathie, Geduld und Zeit, denn Vertrauen ist ein Prozess. Damit meinen wir jedoch nicht, den Hund nicht zu fordern, denn für den Vertrauenszuwachs brauchst du vor allem Einsatz und Engagement. Um die richtige Balance zwischen Nähe und Distanz zu finden, solltest du herausfinden:

- wieviel Raum braucht mein Hund für sich, um sich wohlzufühlen?
- ist sein Anspruch gerechtfertigt oder überzogen?

Dazu ein Beispiel: Herdenschutzhundmix Panda wurde als Welpe in Rumänien auf der Straße eingesammelt und kam nach Deutschland. Mittlerweile ist er 8 Monate und macht nun Probleme. Die Freundin der Halterin möchte ihn in seiner Box streicheln, dabei zeigt er heftiges Droh- bis hin zu aggressivem Abwehrverhalten. Dieser Anspruch ist, ob uns das nun passt oder nicht, gerechtfertigt. Panda sollte erfahren dürfen, dass sein Drohen reicht, um sich Respekt zu erbitten und Distanz zu seinem Wohlfühlbereich gehalten wird. Im Umgang mit solchen Hunden darf man dabei den folgenden Leitsatz im Hinterkopf behalten: **„Nicht der Abwehrende ist der Aggressor, sondern der, der den anderen bedrängt nimmt den Konflikt in Kauf!"** Panda zeigt nun zusätzlich heftiges Drohverhalten, wenn die Freundin lediglich vom Sofa aufsteht und sich durchs Zimmer bewegt. Für einen Hund mit seiner Genetik und Vorgeschichte ist es das normalste der Welt, Raum, den er bewohnt, in dem er schläft, frisst – kurzum lebt, für sich zu beanspruchen. Panda wird in der Situation jedoch nicht von der Freundin bedrängt. Er

Wer darf wieviel Raum beanspruchen?

braucht also die Information, dass dieser Raumanspruch in der Wohngemeinschaft mit dem Menschen ungerechtfertigt und überzogen ist.
Wenn man weiß, warum ein Hund Fehlverhalten zeigt, dann lässt es sich auch richtigstellen. Am Beispiel von Panda: Sein Rückzugsort (die Box = Hundehöhle) sollte nicht zentral mit guter Sicht auf den Raum, sondern im Randbereich aufgestellt werden. Manchen Hunden hilft es auch, wenn man ihnen eine Decke als Sichtschutz über die Box hängt, um zusätzlich für Geborgenheit zu sorgen (siehe Seite 187).
Schlägt der Hund bellend an, muss ihm überzeugungsstark mitgeteilt werden, dass das Bewachen der Wohnräume nicht sein Job ist. Es ist nicht sein Haus, sondern das seines Menschen. Am Hund sollte außerdem eine Hausleine befestigt sein. So lässt er sich, ohne ihn zu bedrängen und nach ihm greifen zu müssen, unaufgeregt aus der Box herausführen (siehe Seite 188).

Kommt Besuch ins Haus ist es wichtig im Kopf zu haben, dass unsere Freund:innen dem Hund fremd sind – entsprechend sensibel sollte mit der Kontaktaufnahme begonnen werden. Die meisten Hunde sind kontaktfreudig und gehen offen auf Menschen zu. Freundlichkeit sollte jedoch grundsätzlich nicht in distanzlose Vertraulichkeit kippen.
Dazu ein Beispiel aus der Menschenwelt: Eine Kindergartengruppe sitzt im Wald ein gutes Stück vom Wegrand entfernt im Kreis. Die Erzieherin und die Kinder sind ins Gespräch vertieft und wirken sehr vertraut zusammen. Eine Mutter kommt vorbei und lässt ihr lachendes Kind fröhlich auf die Gruppe zu rennen. Auf die Bitte der Erzieherin das Kind bei sich zu halten, antwortet die Mutter: „Karl ist ein freundliches Kind, er möchte nur etwas spielen. Das wollen Sie ihm doch nicht verwehren?“ Währenddessen schiebt sich Karl stürmisch zwischen zwei Kinder auf die Bank, sodass eines zu Boden fällt und umarmt freudig, ein

Je besser man sich kennt, desto vertrauter ist das Miteinander.

Der Besucher bedrängt Faraón in seinem Ruhebereich.

Faraón wendet den Kopf ab.

von ihm völlig überrumpeltes Mädchen. Mit Hunden verhält es sich genauso. Unterschreitet der „Tut-Nix-Hund" zu schnell und uneingeladen den Individualbereich seines Gegenübers (Mensch oder Hund), ist das nicht freundlich, sondern schlichtweg respektloses und unhöfliches Verhalten.
Es gibt keine ultimative Regel und kein schwarz-weiß, „Nähe und Distanz" wird ausschließlich von dir und deinem Hund und natürlich auch von der jeweiligen Situation, in der ihr euch befindet, bestimmt. Kein Hund muss sich von Fremden anfassen lassen, im Gegenteil: zeigt dein Hund Sorge vor Fremden, sollten diese bitte etwas Abstand halten. Entsprechend lässt sich bereits im Vorfeld überlegen, welche räumliche Situation du deinem Hund und dir zumuten kannst. Ursula beschreibt ein weiteres Beispiel: „Auch Hunde aus dem Tierschutz sollten lernen dürfen sich durch die Stadt zu bewegen. Ich führe alle meine Schützlinge von der Stadt durch die Natur und hatte noch keinen Hund (bis auf eine Ausnahme, einen Wolfshybriden), der sich hier dauerhaft verweigert hat. Aber ich starte nicht gleich mit dem Besuch auf dem Wochenmarkt zur Haupteinkaufszeit. Ich könnte nicht von meinem Umfeld erwarten, Rücksicht auf uns zu nehmen."

SICH NAH SEIN

Nähe ermöglicht körperlichen Kontakt. Hier berührt, spürt und riecht man sich. Auf intimer Distanz werden soziale Rollen beziehungsweise die emotionale Bindung besprochen. Du solltest dabei situativ entscheiden, wie weit und wie lange der Hund deine Nähe in Anspruch nehmen darf. Dein Hund sollte dich keinesfalls als Ressource sehen. Aber auch Hunde teilen sich uns mit, ob und wann und wieviel sie an Nähe und Berührung zulassen wollen. Die einen reagieren freudig und suchen eventuell noch innigere Nähe, die anderen zeigen über Meide- oder Abwehrverhalten, dass sie sich bedrängt fühlen – beides kann auch situativ variieren.
Gerade wenn man sich noch nicht so gut kennt, kannst du auf folgende Verhaltensweisen achten und dich zunächst zurücknehmen, zum Beispiel:

- Der Hund wendet den Kopf aus der Situation,
- um dann sofort wieder sein Gegenüber zu fixieren.
- Der Hund züngelt beschwichtigend.
- Schnelles, kurzes Wedeln mit der Rute.
- Der Hund fletscht drohend die Zähne.
- Der Hund wird starr.

Werden die Signale des Hundes ignoriert, kann das unschön enden.

Diese Signale sollten von dir erkannt und akzeptiert werden, allerdings ohne dich gleich abgelehnt zu fühlen oder die Beziehung infrage zu stellen.
Natürlich solltest du dich hier nicht manipulieren lassen, so müssen zum Beispiel Pflegemaßnahmen oder auch das Anziehen von Halsband oder Geschirr trotzdem möglich sein. Wenn der Hund aber sagt: „Finger weg!", solltest du dies in der Phase des Kennenlernens unbedingt ernst nehmen, denn bedrängst du den Hund weiter, provozierst du gegebenenfalls eine Eskalation.
Die persönliche Herausforderung bei solch einem Hund liegt nicht darin, das Kuscheln oder „Du musst dich anfassen lassen!" zu trainieren, sondern das eigene Nähe- und Distanzverhalten zu reflektieren und zu regulieren. Registriert dein Hund, dass sein Wohlfühlbereich respektiert wird, dann kann er sich auch vertrauensvoll für Nähe öffnen.
Unser Tipp: Befestige eine leichte nicht zu lange Leine am Hund. Statt nach ihm zu greifen, nimmst du die Leine auf und gibst die Laufrichtung vor. Fokussiere dich dabei nicht auf den Hund, sondern auf dein Ziel, denn auch durch Blicke fühlen sich manche Hunde bedrängt. Die Leine hält deinen Hund in deiner unmittelbaren Nähe. Vor allem Hunde ohne Prägung auf Umweltreize können sich so mit dem für sie völlig fremden Umfeld vertraut machen und bei Bedarf Unterstützung von dir bekommen. Aus einer ruhigen klaren Nähe heraus lässt sich Fehlverhalten richtigstellen, genauso wie Sicherheit und Schutz vermitteln.

»Aus Respekt und Liebe wächst Vertrauen.«

NÄHE – DER NAHRAUM …

… benötigt ein eigenes reflektiertes Nähe- und Distanzverhalten

- Je kleiner der Raum, desto besser findet der Hund sicheren Halt.
- Je kleiner der Raum, desto weniger eigene Entscheidungs- und auch Fehlermöglichkeiten hat der Hund.
- Der Nahraum ermöglicht Berührung: Zum Beispiel bedrängen, belästigen; korrigieren, maßregeln; liebkosen, kuscheln; pflegen, medizinisch versorgen.

ENTWICKLUNG: AUS DER NÄHE ZUR DISTANZ

Ursula schildert aus ihrer Erfahrung: „Wenn ein neuer Schützling bei uns einzieht, halte ich den Hund in der Regel erstmal in meinem Nahbereich und arbeite mich aus der Nähe heraus zur Distanz hin. Hilfsmittel ist dabei die Leine. In den ersten Tagen geht der Hund mit ins Bad, zur Haustür, er liegt neben mir, wenn ich Essen mache, Büroarbeiten erledige und natürlich schläft er direkt neben meinem Bett. Ganz nach dem Motto: ‚Gemeinsame Aktionen verbinden!' (siehe Löckenhoff, DogTeam). Gerade Hunden mit Verlustängsten gilt es zu vermitteln: Ich verschwinde nicht im Abfluss, ich gehe nicht weg, ich bin und bleibe bei dir. So baue ich das Urvertrauen, soweit möglich, wieder auf. Dann beginne ich stetig, angepasst an die Möglichkeiten des Hundes, die Distanz zu vergrößern: Ich gehe allein ins Bad, der Hund soll währenddessen auf seinem Schlafplatz weiter ruhen. Ich gehe allein zur Tür, der Hund soll seinen Ruheplatz halten etc. Fehlverhalten, meist ist es Jaulen oder Bellen, wird nie ignoriert, sondern immer ernst genommen und richtiggestellt. Kann der Hund dabei sein Verhalten nicht regulieren hat die Distanz ihn noch überfordert. Ich hole ihn wieder verstärkt an meine Seite, denn im Nahbereich kann ich zeitnah und mit weniger Aufwand Einfluss auf sein Verhalten nehmen."

01

01 – 02
Kathrin bewegt sich mit dem Oberkörper in Elmos Raum. Diese Art der Vertraulichkeiten duldet er zwar, findet sie aber nur semi angenehm.

03
Elmo schätzt die unaufdringliche Nähe

02

Wird der Hund aber auf Dauer zu eng gehalten, alles auf helikopterartige Kontrolle und Schutz ausgerichtet, ist dies für seine Entwicklung nachteilig. Er muss auch Fehler machen und den Konflikt suchen dürfen, immer in der Gewissheit, dass man anleitend und schützend für ihn da ist. Nur so kann er lernen:

— Nähe schafft Zugehörigkeit
— Distanz schafft Eigenständigkeit

Wird von der Nähe zu schnell zur Distanz übergegangen, das heißt Leine ab und los, kann der Hund zwar eigene Erfahrungen machen, aber wie zuvor schon beschrieben, besteht dann gerade bei den sowieso schon autark agierenden Hunden die Gefahr, dass sie den vorgegebenen Raum nicht mehr halten, sich ablösen und damit nicht mehr ansprechbar sind. Es gilt also eine Balance zwischen Nähe und Distanz zu finden. Der eine Hund braucht mehr Unterstützung, um zu expandieren, der andere mehr Halt, um nicht zu überdriften.

Ein Beispiel aus Ursulas Alltag: „Jule aus Sri Lanka hat erfahren, dass sie in meinem Nahbereich Schutz findet. Die autarke Hündin liebt es, mit hohem Energielevel durchzustarten. Verliert sie sich dabei im wilden Aktionismus, stoppe ich die Aktion und bitte Jule in meinen Nahbereich. Über einen leichten Druck mit meiner flach auf dem Nacken aufliegenden Hand, berühre ich die Hunde und erde sie. Mein Bein biete ich als zusätzliche Stütze zum Anlehnen an. Das schafft eine standfeste und ruhige gemeinsame Nähe. Hier können die Hunde runterkommen und einmal durchatmen, sodass aus der Ruhe heraus erneut gestartet werden kann.“

03

BALANCE ZWISCHEN NÄHE UND DISTANZ

— **Nähe** braucht Respekt, zeigt Zugehörigkeit, gibt Schutz. Sie kann aber auch den Wunsch nach Distanz wecken.
— **Distanz** drückt Respekt aus, zeigt Unabhängigkeit, Eigenständigkeit gibt Freiheit. Sie kann aber auch den Wunsch nach Nähe wecken.

Die zugestandene Distanz, also die Entfernung zur Bezugsperson (Leitmensch), sollte auf die Möglichkeiten des Hundes, damit eigenverantwortlich umgehen zu können, genau abgestimmt werden. Hilfsmittel ist wie immer die Leine, denn sie hält den Hund zuverlässig im Raum. Ursula berichtet: „Jule hat in unseren Interaktionen erfahren, dass ich auf sie achte und auch über die Distanz hinweg anleite und schütze. Deswegen kann Jule sich heute in energetischen Situationen in der Hundegruppe behaupten und autark ausleben. Natürlich immer im vorgegebenen Raum.“

Unser Tipp: Ganz gleich welche Vorgeschichte (und auch welches Alter und Genetik) der aufgenommene Hund hat: Eine stimmige Balance zwischen Nähe und Distanz ermöglicht dem Schützling die Entfaltung zur selbstbewussten, dabei teamfähigen und kooperativen Persönlichkeit.

WENN DER HUND NICHT „FUNKTIONIERT"

Freude, Zuneigung, Trauer, Wut, Angst oder Ekel – Emotionen sind unsere alltäglichen Begleiter. Auch Hunde bewegen uns emotional. Die damit einhergehenden Gefühle sind Bestandteile unserer Kommunikation, auch nonverbal. Sie begleiten den Informationsaustausch mit unserem Hund, lassen wahrnehmen und erkennen, ob etwas als positiv oder negativ, als nützlich oder bedrohlich bewertet wird.

Emotionen ...
— steuern dein Verhalten.
— variieren in ihrer Stärke je nach Situation bzw. Umfeld.
— können von dir bewusst wahrgenommen werden.
— können von dir beeinflusst werden.

Treten Probleme zwischen dir und deinem Hund auf, dann sollte dir das nicht die Stimmung verderben, denn das versperrt dir die Sicht auf Lösungen. An Konflikten im Zusammenleben kannst du mit deinem Hund wachsen. Dabei darfst du dich ärgern, auch mal traurig sein, aber bleibe bei dir und beweise Verlässlichkeit – es wird sicher nicht immer einfach sein, aber es wird spannend, denn letztlich ist eine Konfliktbewältigung auch immer mit einer Reise zu sich selbst verbunden. Wir haben die „Problem-Klassiker" herausgesucht und geben über Beispiele erste Ideen, wie du Einfluss nehmen kannst. **Reminder: Lösungen fangen nicht mit „aber", sondern immer bei dir selbst an.**

Lässt sich dein Hund in seinem Tun nicht abbrechen, kann er nicht abgeleint werden.

„PROBLEM-KLASSIKER"

BEZIEHUNG

Beispiele
— Der Hund ist unnahbar,
— möchte nicht kuscheln,
— ist nicht kooperativ,
— scheint unerziehbar.
— Er verselbstständigt sich.
— Er mag die Partnerin oder den Partner nicht und umgekehrt.
— Der erste Hund mag den zweiten nicht und umgekehrt.

→ *„Der Hund baut keine Beziehung zu mir auf!"* In Beziehung tretet ihr jedoch schon beim ersten Kontakt, die Art der Bindung aber hängt von deiner Verlässlichkeit ab. Hunde aus dem Auslandtierschutz verhalten sich nicht immer erwar-

Hunde belohnen sich auch ohne Jagderfolg selbst.

tungsgemäß, also eben nicht so, wie wir das von Hunden gewohnt sind. In Erziehung und Austausch braucht es folglich dein Umdenken und auch ein „Sich-Aufeinander-Einstellen".

→ Solltest du spüren, dass dich die Ablehnung emotional trifft, darfst du deine Emotionen regulieren. Denn dieses Gefühl entsteht in dir selbst, durch deine Gedanken. Dein Hund lehnt dich oder andere nicht ab, sondern findet schlichtweg keine passende Lösung. Er und auch dein Umfeld brauchen also dein Selbstverständnis, deine innere Stärke und Hilfestellung für die Gewöhnungsphase.

JAGDVERHALTEN

Beispiele

— Der Hund kann nicht abgeleint werden,
— verfolgt alle Bewegungsreize,
— schreit an der Leine bei Wildsichtung.

→ *„Zeigt der Hund viel Jagdverhalten?"* ist eine gern gestellte Frage und ein Hund, der gern jagt, sorgt auch tatsächlich immer wieder für Probleme.

→ Hunde sind rasseübergreifend Beutegreifer, deswegen müssen Kleintiere grundsätzlich geschützt und separiert gehalten werden.

→ Ein Hund der Bewegungsreizen hinterhergeht und sich nicht abbrechen lässt, kann nicht abgeleint werden – auch nicht im eingezäunten Bereich, und zwar so lange, bist du Einfluss auf sein Verhalten nehmen kannst.

→ Eine Schleppleine gibt deinem Hund viel Raum. Sie sollte also erst dann zum Einsatz kommen, wenn dein Hund dir auch in Reizsituationen zuhören kann.

→ Geht der Hund jagen, belohnt er sich auch ohne Jagderfolg selbst – während er im Glück schwelgt, sinkt bei dir die Stimmung. Hier gilt es sich emotional zu regulieren, um souverän zu bleiben.

→ Lasse den Hund an der Leine im Nahbereich und zeige ihm, was du von ihm erwartest. Bei Wildsichtung aufzuheulen und das Wild zu verbellen, gehört nicht dazu – also soll er es lassen. Entschlossen und konsequent darfst du vermitteln, dass es die Aufgabe deines Hundes ist, sich an dir und deinen Vorgaben zu orientieren. **Eure „Quality Time" ist nicht der Freilauf, sondern die gemeinsam erarbeitete Aktion.**

UNSICHERHEIT

Beispiele

— Der Hund hat vor allem Angst.
— Er reagiert ängstlich bis aggressiv auf Veränderung,
— kann nicht allein bleiben,
— zeigt Übersprungshandlungen.

→ *„Mein Hund ist so, wie er ist, weil er ein Angsthund ist!"* Keine Frage manche Hunde sind ängstlicher als andere. Sie sind scheu, tun sich schwer mit der neuen Situation und einige zeigen tiefes Misstrauen und geben sich entsprechend skeptisch. Das macht es nicht weniger schwer, denn fehlende Prägung lässt sich nicht aufholen (siehe Seite 95). In der Regel orientieren sich diese Hunde an einer Bezugsperson, brauchen immer wiederkehrende und erwartungsgemäß ablaufende Handlungen.

→ Unsicherheiten und Ängste lassen sich nicht pauschalisieren, bei Verlustangst zum Beispiel, solltest du statt mit Distanz zunächst mit Nähe anfangen – bei Scheu vor dem Menschen solltest du mit der Distanz beginnen (siehe Seite 188).

→ Grundsätzlich darfst du auch den unsicheren Hund fordern und fördern – das stärkt sein Selbstbewusstsein. Je mehr er sich öffnet und je mehr er sich zutraut, desto größer wird auch seine Lebensqualität.

→ Wenn er die Zähne zeigt, warst du eventuell zu forsch, hast ihn überfrachtet, dann solltest du kleinschrittiger und achtsamer vorgehen.

Mitleid hilft dem ängstlichen Hund nicht seine Sorgen zu überwinden.

»Impulskontrolle und auch Frustrationstoleranz deines Hundes erfordern eine mentale Verarbeitung emotionaler Zustände – DEINER Emotionsregulation.«

01

TERRITORIALVERHALTEN

Beispiele

— Der Hund verbellt alles und jeden.
— lässt keinen mehr aufs Sofa.
— kontrolliert die Familie im Haus.
— lässt keinen mehr an seinen Napf.
— ist nicht verträglich mit anderen Hunden.
— hat den Besuch gebissen.
— hat das Kind gebissen.

→ *„Der Hund ist aggressiv!“* Territorial stark veranlagte Hunden schauen, dass sie möglichst viel Raum zur Verfügung haben, und nehmen dabei zeitgleich Einfluss auf Energien und Position des anderen.

→ Drohen, Bellen und Knurren sind dafür Ausdrucksformen hündischer Kommunikation. Das sollte dich nicht verunsichern, denn Hunde informieren ihr Gegenüber, zum Beispiel über den Verlauf ihrer Reviergrenze oder aber ihren Wohlfühlbereich.

→ Aggression braucht unbedingt ein soziales Maß und das geschieht über soziale Erziehung (siehe Seite 135).

→ Auch Hunde dürfen sich ärgern und wütend sein. So können vermeintlich gut gemeinte fürsorgliche oder erzieherische Übergriffigkeiten für Unmut sorgen. Bei mangelnder Erziehung, zu wenig Grenzen und zu viel Freiheit, verschlechtert sich jedoch die Fähigkeit zur Selbstregulation. Du bist verantwortlich deinen Hund wieder ins Gleichgewicht zu bringen. Das erfordert Reflexion und deine emotionale Stabilität.

Hunde können sich nicht reflektieren, die Regulation von Gefühlen wie Wut, Ärger aber auch Freude und Zuneigung beginnen folglich bei dir. Es sind nicht die angepassten Hunde, die dich über dich selbst hinauswachsen lassen. Wenn wir uns auf das Abenteuer einlassen und uns für unsere Hunde öffnen, dann können wir so viel von ihnen lernen.

02

01 – 02
Hunde sprechen mit uns. Je nach Situation werden auch aggressivere „Töne“ angeschlagen. Es wird gebellt, drohend geknurrt und fletschend Zähne gezeigt. Je nach Situation kann das durchaus sinnvoll sein.

GESUNDHEIT UND PFLEGE

GRUNDBEDÜRFNIS: FESTE MAHLZEITEN

Die Fütterung kann bei dem ein oder anderen Tierschutzhund erst einmal für Unverständnis sorgen, denn vor allem in den ausländischen Tierheimen steht das Futter entweder in z. B. großen langen Trögen permanent zur Verfügung oder aber es wird einfach ins Gehege auf den Boden gestreut. Viele haben also noch nie einen eigenen Napf vorgesetzt bekommen und sollten jetzt lernen dürfen: das ist mein Napf, mit meinem Futter, keiner stört mich beim Fressen. Ursula berichtet über ihren scheuen Galgo Español Macano: „Wenn beim ohnehin schon skeptischen Hund bei der Futteraufnahme auch noch der Napf klappert und scheppert, kann die Besorgnis größer als der Hunger sein und der Hund verweigert sein Futter. Macano war so ein Hund. Ich probierte alles Mögliche aus und ging dann zur Handfütterung über. Dabei fütterte ich ihn mit der Hand aus dem Napf. Es ging mir nicht darum, auffällige Verhaltensweisen zu kultivieren, sondern über einen Umweg zu alltäglichen Abläufen zu finden. Nach und nach gewöhnte sich Macano an den gruseligen Napf, bis er schließlich ganz normal an der Fütterung teilnahm."

Faraon brachte dreijährig im Tierheim Ciudada Animal 60 Kilogramm auf die Waage.

UNTER- ODER MANGELERNÄHRTE HUNDE

Hast du einen stark unter- oder mangelernährten Hund aufgenommen, solltest du bei der Zufütterung Geduld haben. Teile deinem Schützling über den Tag 4 bis 5 kleine Mahlzeiten mit fettarmen Futter zu, denn so verhinderst du eine Überlastung des Magen-Darm-Systems. Die Tagesrationen orientieren sich am Gewicht des Hundes. Auf den Verpackungen findest du Fütterungsempfehlungen der Hersteller. Hierbei handelt es sich jedoch um Richtwerte, die du je nach Aktivität, Alter und auch der Rasse auf den tatsächlichen Bedarf anpassen solltest. „Liebe geht durch den Magen", aber wie bei uns Menschen verhält es sich auch bei Hunden: Übergewicht macht auf die Dauer krank. Anhaltspunkt für ein gesundes Gewicht sind die Rippen: Sie sollten

Übergewicht macht krank. Faraon hat deswegen 10 Kilogramm abgespeckt.

zu fühlen und je nach Rasse auch leicht zu sehen sein. Bei Hunden, die in ihrer Vergangenheit Not leiden mussten, fällt das manchen Hundehaltenden schwer. Ursula erzählt von Hundegast Frieda: „Sie brachte bei jedem ‚Check in' ein paar Kilos mehr auf der Waage mit. Als ich ihre Hundeeltern ansprach und zur Futterreduzierung riet, erklärten sie mir, dass Frieda in ihrer Vergangenheit unter starkem Hunger gelitten hätte, und dass dies nie wieder vorkommen solle." Richtig, Hunde sollten nicht hungern müssen. Zu den Grundbedürfnissen des Hundes zählt jedoch nicht ein Übermaß an Futter, sondern die regelmäßige und sättigende Mahlzeit.

Ursula berichtet: „Die Windhunde füttere ich zusätzlich mit trockenem Brot, denn sie brauchen Kohlenhydrate, um schnell Energie freisetzen zu können, während der Husky mit einem proteinreicheren Futter besser versorgt ist, denn er ist ein kraftvoller, ausdauernder Läufer (siehe Seite 77)." Und ganz wichtig: Jedem Hund sollte immer ausreichend Trinkwasser zur Verfügung stehen.

Unser Tipp: Wenn du ein Futter gefunden hast, das dein Hund gern frisst und gut verträgt, ist es nicht nötig zu wechseln. Wir empfehlen zusätzlich bei einer Fleischquelle (zum Beispiel Huhn) zu bleiben. Die gut gemeinte Abwechslung kann nämlich den empfindlichen Magen-Darm-Trakt belasten. Die Pflegestellen geben deswegen bei Auszug ihrer Schützlinge das bisher gewohnte und gut vertragene Futter mit. Steht dennoch eine Futterumstellung an, raten wir dazu, die Futtersorten nicht zu mischen, denn wenn der Hund allergisch auf bestimmte Bestandteile reagiert, kann eine Mischung aus verschiedenen Futtersorten die Symptome verschlimmern und auch die Diagnose erschweren. Deswegen ist es ratsamer, nach und nach die Mahlzeiten mit dem neuen Futter zu steigern.

☞ RUND UM DIE FÜTTERUNG

TIPPS ZUM FUTTER

- Keine Rohfütterung – besser leicht vorkochen (das ist besser verdaulich)
- Bei einer Eiweißquelle bleiben (zum Beispiel Huhn, Hirsch, Ente)
- Die Beilagen dürfen den Fleischanteil überwiegen: Kartoffeln, Nudeln, Reis, jeweils übergar gekocht, oder auch (trockenes) Brot ergänzen das Futter
- Topic: Kräuter, Gemüse (vorkochen) und ggf. Nahrungsergänzungsmittel
- Eventuell zusätzlich hochwertige Öle wie Schwarzkümmelöl, Leinöl oder Omega-3-Öle dazugeben – aber Achtung bei Hunden mit Fettunverträglichkeiten
- Beim Selberkochen Futterplan erstellen und Bedarf des Hundes ermitteln lassen

Achtung: unbekömmlich bis giftig

- Trauben und Rosinen
- Paprika, Avocado, Zwiebeln, Knoblauch, rohe Kartoffeln
- Schokolade
- Kerne von Steinobst (z. B. Pfirsich)
- Rohes Schweinefleisch
- Geflügelknochen
- Gekochte Knochen

TIPPS ZUR FÜTTERUNG

- Einen festen Futterplatz etablieren (siehe Seite 162). Hilfsmittel ist die Hausleine
- Den Napf auf eine Matte oder einen Teppich stellen, damit er nicht klappert oder wegrutscht
- Eine Schale mit frischem Wasser neben dem Futternapf bereitstellen
- Den Hund beim Fressen nicht stören – in Ruhe fressen lassen (Wohlfühlraum)
- Unbedingt Ruhe halten nach dem Füttern (Verdauungsschlaf)

ACHTUNG! Mit vollem Magen sollte der Hund nicht toben. Es besteht sonst die Gefahr einer Magendrehung. Anzeichen können sein: Würgen, ohne zu erbrechen: aufgeblähter, harter Bauch; wie ein Sphinx im Platz liegen; schweres Atmen. Bei Verdacht bitte sofort die nächste Klinik aufsuchen.

Eine befestigte Hausleine hält auch die „Schnellesser" an ihrem Futterplatz.

Den Mief der Vergangenheit abduschen, dabei lassen sich bereits erste Bande knüpfen.

PFLEGE IST FÜRSORGE

Hunde aus dem Tierschutz haben in ihrem vorherigen Leben oft nicht viel menschliche Fürsorge erfahren. Dabei trägt die tägliche Pflege zum Wohlbefinden des Hundes bei. Ursula berichtet: „Wenn ich einen Hund aufnehme, ist der erste Weg ins Bad für mich zum Ritual geworden. Der alte Geruch der Vergangenheit wird abgeduscht, um die Zukunft zum umsorgten und gepflegten Hund einzuläuten. Auch bei den skeptischen und scheuen Hunden kann ich beim Pflegeprogramm bereits erste zarte Bande knüpfen. Ist der Hund sehr stark verfilzt, wie das zum Beispiel bei Wasserhündin Perle der Fall war, dann arbeite ich mich in Etappen vor. Da möchte ich die Geduld nicht überstrapazieren und mache am nächsten Tag weiter." Die Hunde sind anfangs von der neuen Umgebung oft noch beeindruckt, lassen sich gut versorgen und abtasten. Das kannst du nutzen und deinen Schützling beispielsweise auf Verletzungen, aber auch auf Parasiten wie Flöhe und Zecken überprüfen, und der Zahnstatus lässt sich dabei ebenfalls prima checken. Das Baden mit Shampoo ist allerdings nur selten erforderlich. Es sei denn der Hund braucht es aus medizinischen Gründen. **Das Pflegprogramm sollte fest in den Tagesablauf integriert, aber zeitlich limitiert sein.**

DAS GEHÖRT INS PFLEGEPROGRAMM

DIE FELLPFLEGE

Hunde mit Langhaarfell müssen täglich gebürstet werden, denn sonst kommt es zu Verfilzungen. Im Sommer können sich begünstigt durch Wärme und Nässe zusätzlich Hautentzündungen bilden, die sogenannten „Hot Spots". Beim Kurzhaarhund ist die Pflege einfacher. Hier reicht oft schon ein feuchtes Tuch, um den Hund zumindest oberflächlich zu säubern. Einige Hunde, wie zum Beispiel der Pudel, müssen getrimmt werden, weil ihr Fell sonst immer weiterwächst. Das Fell sollte dabei nicht modisch, sondern funktional kurz geschnitten werden, denn dann bleiben weniger Pflanzenreste und Dreck im Fell hängen und der Hund kann sich besser bewegen.
Im Tierschutz finden wir zuweilen Hunde, deren Fell in dichten Matten verfilzt schwer am Hund herunterhängt. Sie sind oft nicht mehr in der Lage normal zu laufen und müssen dann oft in Narkose komplett geschoren werden.

OHREN KONTROLLIEREN

Die Ohren sollten täglich überprüft werden, ob sie klar und sauber sind. Sind sie gerötet, riechen fettig oder ranzig und ist schwarzer Dreck zu sehen, dann solltest du dies medizinisch abklären lassen. Es könnten Ohrmilben oder aber auch eine Ohrentzündung vorliegen.

ZÄHNE PUTZEN

Manche Hunde sind anfälliger für Zahnstein als andere. Eine regelmäßige Kontrolle und das Putzen der Zähne sollte ins Pflegeprogramm mit aufgenommen werden. Um den skeptischen Hund an die Zahnbürste zu gewöhnen, kannst du anfangs Leberwurst als Zahnpaste verwenden. Wenn dein Hund sich so gar nicht ans Putzen gewöhnen lässt,

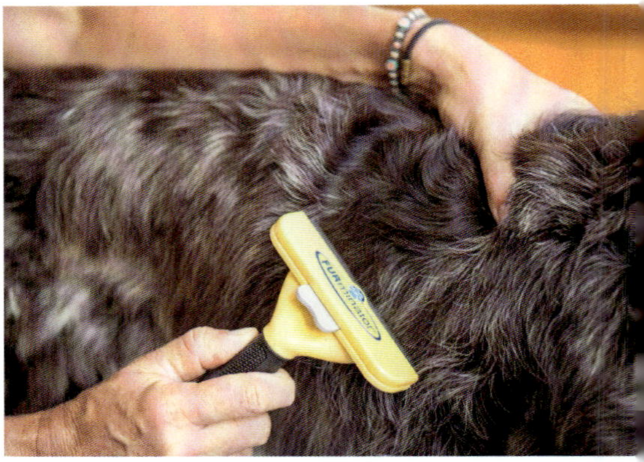

Ein in den Alltag eingebundenes Pflegeprogramm gewöhnt den Hund an das Bürsten.

Die Ohren regelmäßig kontrollieren und vorsichtig mit einem weichen Tuch säubern.

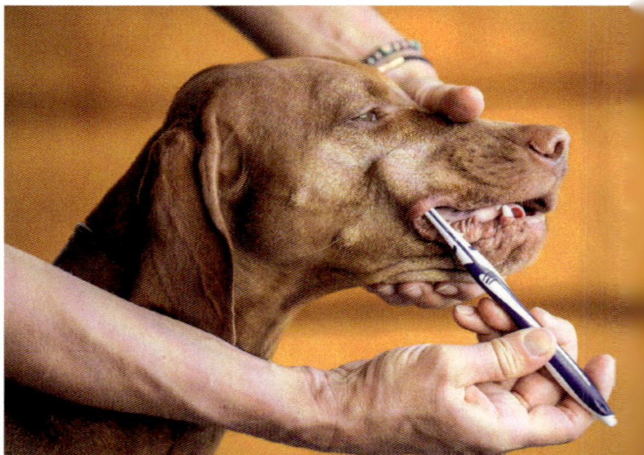

Für die Zahnpflege lassen sich auch weiche Zahnbürsten aus dem Humanbereich verwenden.

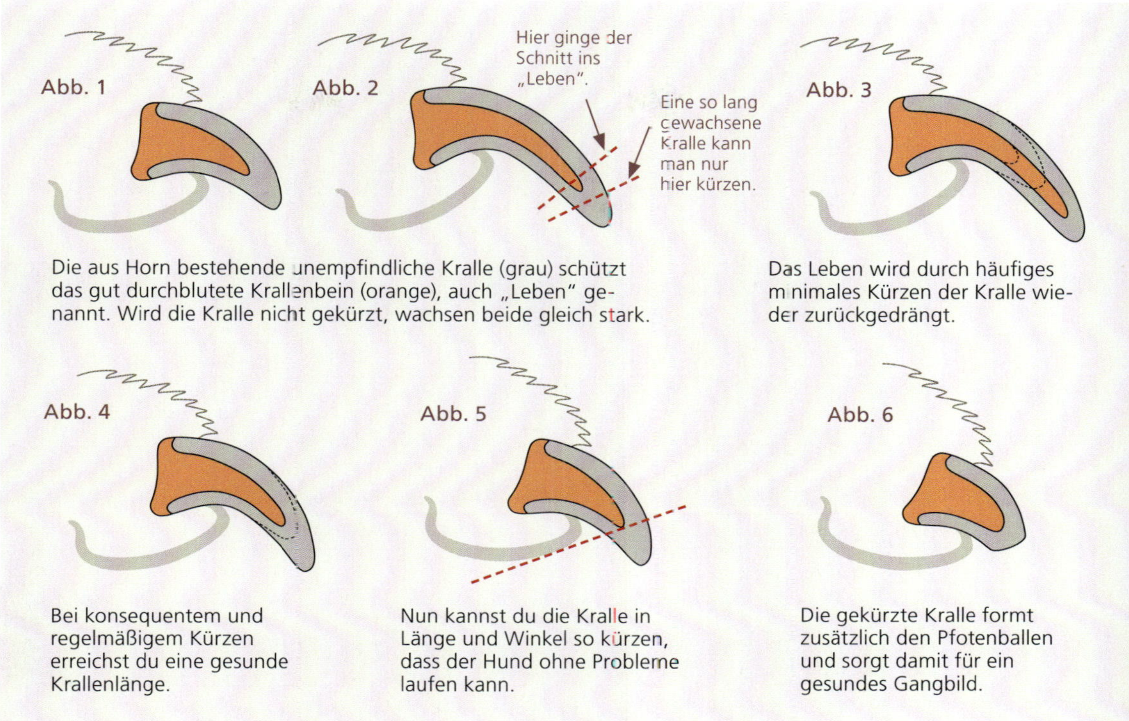

Zu lange oder auch dunkle Krallen sollten in kurzen Zeitabständen kontinuierlich minimal gekürzt werden. Das Krallenbett zieht sich so wieder zurück. Zusätzlich schafft es Sicherheit, wie weit man schneiden darf.

dann muss er gegebenenfalls zur Zahnreinigung dem Tierarzt vorgestellt werden.

KRALLEN KÜRZEN

Manche Hunde laufen sich die Krallen nicht selbst ab. Wenn die Krallen zu lang werden, verändert sich die Zehenstellung und der Hund bekommt langfristig Arthrose in den Zehen. Zum Kürzen kannst du eine Krallenschere oder einen Dremel, ein Nagelschleifgerät, nutzen. Wenn du dir das nicht zutraust, kann das auch der Tierarzt übernehmen.

Unser Tipp: Die Pflege lässt sich fest im Tagesablauf verankern. Dafür einen geeigneten Standort wählen und die Pflegeutensilien vorab bereitlegen. Ungeduld und Fahrigkeit übertragen sich auf den Hund, wenn du also nicht alles bei einem Mal „erledigt" bekommst, dann arbeite in Etappen und mache am nächsten Tag weiter.

Kein falscher Ehrgeiz: Der Tierarzt kann das Krallenschneiden übernehmen.

Die anfäglichen Walks mit kurzer Leine starten, dann erst eine längere Leine nutzen.

TIERSCHUTZ AUS SICHT DER HUNDEPHYSIOTHERAPIE

Susanne Siebertz berichtet aus ihrem Alltag in der Hundephysiotherapiepraxis: „Bei der Behandlung von Hunden aus dem Tierschutz müssen wir davon ausgehen, dass sie neben körperlichen Problemen, auch psychische Defizite mit sich bringen. Sie haben unter Umständen nicht gelernt, dem Menschen zu vertrauen und sind gestresst, wenn eine unbekannte Person sie anfassen möchte. Zumal es in der Therapie nicht um normales, beiläufiges Streicheln geht, sondern um Behandeln. Vor allem die Hunde mit schwieriger Vorgeschichte zeigen während der Behandlung häufiger Skepsis und Misstrauen. Deswegen legen wir den Hundehaltenden Behandlungsmöglichkeiten ans Herz, die sie zu Hause in gewohnter und für den Hund sicherer Atmosphäre umsetzen können und damit lässt sich schon vieles erreichen."

KÖRPERLICHE DEFIZITE UND BEWEGUNGSMANGEL

Im Tierschutz begegnen uns die unterschiedlichsten körperlichen Defizite – Hunde, die offensichtlich am Bewegungsapparat erkrankt sind, zum Beispiel nach einem Unfall, die angefahren wurden und danach trotz ärztlicher Versorgung vor Ort bleibende Schäden behalten (zum Beispiel dreibeinige Hunde). Susanne rät: „Du solltest dich nicht darauf verlassen, dass Mischlinge aus dem Tierschutz generell die gesünderen Hunde sind. Hier finden sich genauso Hunde mit nicht akuten, sondern angeborenen und noch versteckten Problemen, wie zum Beispiel Hüftbeschwerden bei einem großrah-

migen Hund, Rückenprobleme bei einem dackelförmigen Vierbeiner oder Probleme mit der Kniescheibe bei einem kleinwüchsigen Hund. Die Tierschützer:innen vor Ort, die die Hunde auswählen und vermitteln, sind nicht darauf geschult, am Gangbild oder aufgrund des Körperbaus zukünftige Probleme zu erkennen. Entspricht der Hund also einer bestimmten Rasse, solltest du dich darauf einstellen, dass die rassetypischen Erkrankungen auftauchen können."
Viele Hunde leben in Auffangstationen oder Tierheimen und werden zwar gesundheitlich versorgt, aber an adäquater Bewegung

Jeder Walk braucht Pausen

In den Walk kleine Parcours einbauen. Das fördert nicht nur die neu aufgenommenen Pflegehunde, ...

... sondern auch die Althunde, die Senioren.

mangelt es meistens und das führt unweigerlich dazu, dass die Hunde körperlich nicht ausreifen können. Das gilt umso mehr, je größer und schwerer sie sind. Wenn in der Zeit des Wachstums oder sogar noch länger, die Bewegungsmöglichkeiten stark eingeschränkt sind, fehlt es an körperlichen Erfahrungen und Alltagstraining. Ausschlaggebend für das beschwerdefreie Altwerden solcher Hunde sind nicht nur die physiotherapeutische Behandlung, sondern vor allem die Haltungsbedingungen, zum Beispiel ein ebenerdiges Zuhause und ein vorsichtiges Pensum an Spaziergängen. Das sollte deckungsgleich mit den Gegebenheiten und Wünschen der zukünftigen Familie sein. So lässt sich auch dem Hund mit körperlichem Defizit nicht nur ein guter Start, sondern ein recht beschwerdefreies Leben bieten.

Unser Tipp: Wenn du dich für einen Hund interessierst, solltest du Kontakt zu einer Hundephysiotherapeut:in aufnehmen und dich im Vorfeld beraten lassen. Wenn Defizite rechtzeitig erkannt werden, kannst du das neue Familienmitglied von Anfang an verantwortungsvoll unterstützen.

GEMEINSAMES SCHWIMMEN – EIN ECHTES HIGHLIGHT

Das Schwimmen ist in der Hundephysiotherapie eine gute Möglichkeit, um Hunden aus dem Tierschutz nicht nur körperlich, sondern auch seelisch zu helfen. Ein Indoor-Pool mit 29 Grad warmen Wasser bietet alle Möglichkeiten zum gelenkschonenden Muskelaufbau. Eine erfahrene Therapeutin geht individuell auf die Persönlichkeit des Hundes ein, gestaltet das Aquatraining so angenehm wie möglich und bietet so eine Art „Quality Time" für den Hund. Natürlich wird das Schwimmen nicht bei jedem zum Lieblingshobby, aber auch vorsichtige oder wasserscheue Kandidaten können sich an die Bewegung im nassen Element gewöhnen und stressfrei damit zurechtkommen. Hier lassen sich auch große Unterschiede in der Kooperationsbereitschaft beobachten, das heißt, wie weit der Tierschutzhund bereit ist, sich auf die Führung und Anleitung des Menschen im Pool einzulassen. Spannend ist auch, dass skeptische oder scheue Hunde den Menschen, der sie im Wasser begleitet, deutlich näher an sich herankommen lassen, als das an Land möglich wäre. Das ungewohnte Schwimmen in noch unge-

Der übergewichtige Faraón kann beim Schwimmen gelenkschonend abspecken.

Gemeinsam durchs Wasser floaten: Aquatraining bietet Quality Time für Mensch und Hund.

Susanne Siebertz: „Schwimmen stärkt Muskulatur, Vertrauen und Bindung zum Menschen!"

Hunde nehmen die positiven Erfahrungen beim Schwimmen mit in den Alltag.

wohnterer Atmosphäre weckt ihr Bedürfnis nach Nähe und instinktiv suchen sie Schutz beim Menschen. Susanne erklärt: „Hunde nehmen die positiven Erfahrungen beim Schwimmen mit in den Alltag. Schwimmen stärkt also nicht nur die Muskulatur, sondern auch das Selbstwertgefühl und die Bindung zum Menschen, das macht es zu besonderen Momenten für die Hunde aus dem Tierschutz."

HANDICAP-HUND HERR ROSSI

Ursula erzählt von ihren Erlebnissen mit ihrem Handicap-Hund Herr Rossi: „Herr Rossi galt im Tierheim als nicht vermittelbar. Er gab sich unkooperativ und aggressiv und hatte Tierheimmitarbeitende bereits gebissen. Ich adoptierte ihn und führte ihn an die Arbeit im Wasser heran. Das Aquatraining war genau das Richtige für den so skeptischen dreibeinigen Hund. Im Wasser war er schmerzfrei, konnte seine Muskeln trainieren und seine Skepsis dem Menschen gegenüber ab- und Vertrauen aufbauen. Das, was sich so einfach erzählen lässt, war ein langer Weg. Beim ersten gemeinsamen Schwimmen biss Herr Rossi den Maulkorb durch und packte sich meine Hand. Ich habe nie wieder mit einem Hund gearbeitet, der sich so vehement bei der Einführung in die Aquatherapie gewehrt hat. Über meine weiteren Beobachtungen im Alltag verstand ich, dass Berührungen für ihn kein Lob und auch keine Hilfestellung bedeuteten, sondern einfach sehr unangenehm waren. Verstehen hilft Missverständnisse zu vermeiden. Eine Massage wäre also für diesen Handicap-Hund weder ein entspannender noch ein emotionaler Mehrwert gewesen. Trotz holprigem Start fuhr ich daher mit dem Aquatraining fort, achtete aber darauf, ihn weder zu bedrängen noch festzuhalten. Ich legte den Fokus darauf, dass er mir ‚freiwillig' folgte. Die Leine war dabei meine verlängerte Hand zum Hund, meine haltgebende Verbindung, die sich auch im Pool als solche bewährte. Schon wenige Einheiten später schloss sich Herr Rossi mir freudig an. Er apportierte Spielzeug und ließ sich im Wasser gut anleiten und helfen. Beim Schwimmen ertrug er Berührungen, denn an der Arbeit mit mir im Wasser hatte er riesige Freude. Streicheleinheiten aber, lehnte er zeitlebens ab."

MASSAGE – BERÜHRUNG MIT MEHRWERT

Die Massage bietet deinem Hund eine Zeit, in der er deine Zuwendung ganz für sich allein hat. Die Haut ist die Hülle des Körpers und steht als größtes Organ mit allen anderen Organen in Kontakt. Hunde, die Nähe und Berührung mögen, empfinden das langsame Ausstreichen und sanfte Kneten als angenehm und wohltuend. Es hat zusätzlich einen positiven Einfluss auf den Hormonhaushalt, denn das „Kuschelhormon" Oxytocin wird verstärkt ausgeschüttet, während die Stresshormon-Produktion reduziert wird. Aber manche Tierschutzhunde haben nicht gelernt, dem Menschen zu vertrauen und können sich nicht gleich entspannen. Das lässt sich üben, auch der skeptische Hund darf mit Nähe konfrontiert werden – ein vertrauensvolles „sich fallen lassen" lässt sich jedoch nicht erzwingen. Bei einem berührungsempfindlichen Hund ist das Nervensystem permanent in Alarmbereitschaft. Folglich muss er ganzheitlich lernen, Reize aufzunehmen und zu verarbeiten. Das Gefühl von Berührung auf der Haut lässt sich beispielsweise über das Tragen eines leichten Mantels vermitteln. Bei der täglichen Pflege lassen sich Berührungen normalisieren, z. B. den Hund jeden Tag mit einem Handtuch ausstreichen. Ein Schwimmtraining (siehe Seite 208) kann zusätzlich hilfreich bei der Vertrauensbildung sein.

Der offene und kontaktfreudige Hund hat mit einer Massage kein Problem. Wird dieser im Alltag aber bereits mit Aufmerksamkeit überschüttet, ist er bald gesättigt und könnte dann weitere Nähe als erdrückend empfinden (siehe Seite 188).

Hunde „sprechen" mit uns und teilen sich über ihr Verhalten mit. Empfindet dein Hund deine Berührung als unangenehm, zeigt er dies z. B. indem er seinen Kopf anhebt oder wegdreht oder auch ganz aus der Situation geht (siehe Seite 190). Plötzliches Eindrehen in Richtung deiner Hand, über den Fang schlecken und zuckende Hautpartien weisen gegebenenfalls auf ein Missempfinden hin. Du kannst überprüfen, ob dein Hund das Verhalten immer bei der gleichen Körperpartie zeigt. In diesem Fall solltest du tierärztlich abklären lassen, ob vielleicht eine skelettbedingte, eine muskuläre oder eine neurologische Störung vorliegt.

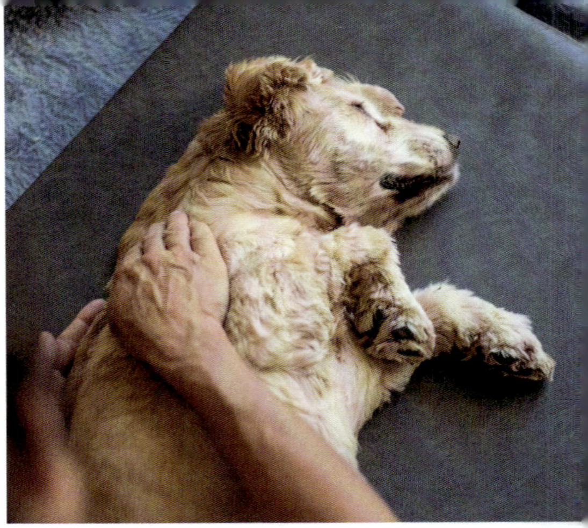

01

MÖGLICHE GRÜNDE FÜR MISSEMPFINDUNGEN BEI BERÜHRUNG

Taktile Abwehr

Die taktile Abwehr äußert sich in einer Überempfindlichkeit beim Berühren der Haut. Bereits sanfte Berührungen werden vom Hund als unangenehm oder sogar schmerzhaft empfunden. Das kann neurologische Ursachen haben, bei der die Signalleitung zum Gehirn gestört ist und die Berührungsimpulse nicht richtig zugeordnet werden können. Die Hunde versuchen Berührungen zu vermeiden und reagieren mit Furcht. Manche ziehen sich zurück, die Furcht kann aber auch in Aggression umschlagen.

Neuropathie

Bei einer Neuropathie handelt es sich um eine Überempfindlichkeit der Haut. Sie kann durch Diabetes, Vitamin-B-Mangel oder durch eine alte Verletzung bedingt sein, aber auch an Leishmaniose erkrankte, nierengeschädigte Hunde reagieren zuweilen überempfindlich auf Berührung.

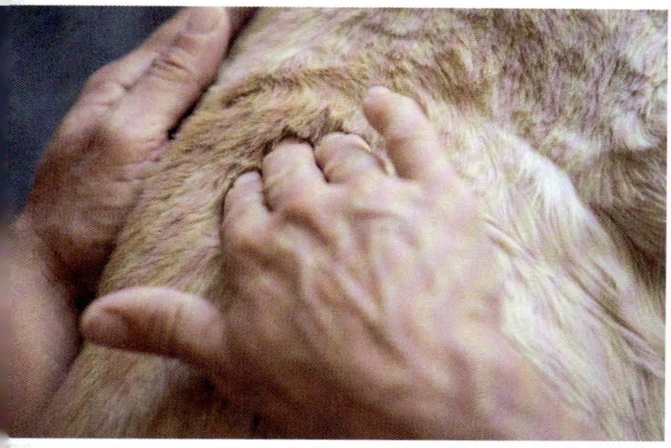

02

01 Die Hand sanft aufs Schulterblatt legen und in Fellrichtung langsam ausstreichen.

02 Mit den Fingerkuppen ruhige kreisende Bewegungen durchführen.

03 Zeigt der Hund dabei Unbehagen, aufhören und wieder ausstreichen.

04 Abschließend mit den Fingerkuppen vom Kopf her sanft über den Nasenrücken streichen.

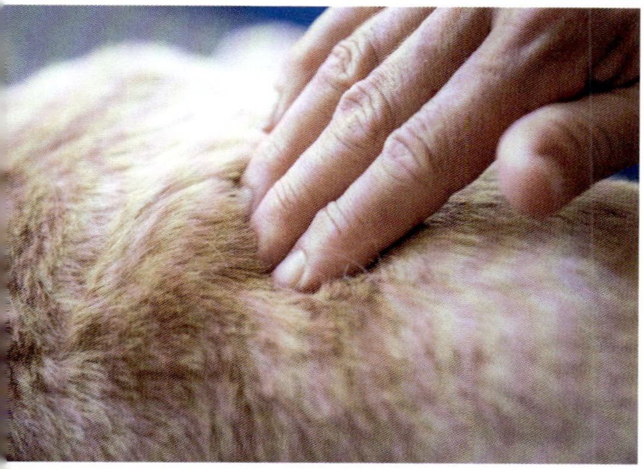

03

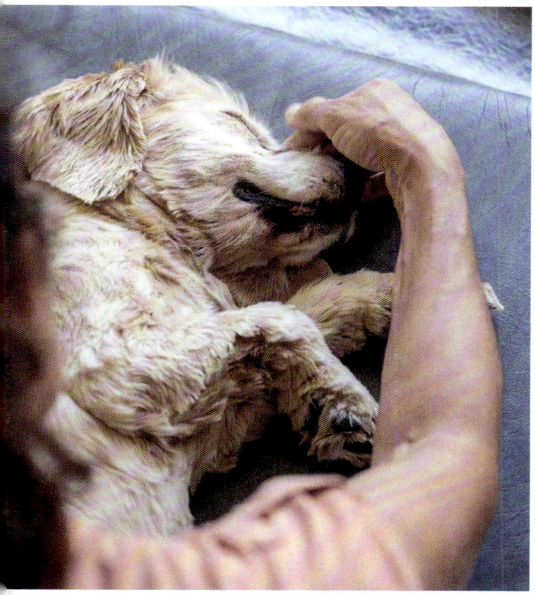

04

TIPPS FÜR EINE ENTSPANNTE MASSAGE

- Untergrund: eine nicht zu harte und auch nicht zu weiche Matte
- Den Hund an der Leine zur Matte führen. Er sollte sitzen oder liegen
- Deine Ruhe auf den Hund übertragen
- Im Idealfall legt der Hund sich seitlich entspannt hin
- In Fellrichtung mit sanftem und leichtem Druck ausstreichen (wie in Zeitlupe)
- Anfangs mit dem Handrücken, dann mit flach aufliegender Handinnenfläche
- Erst seitlich an der Wirbelsäule entlang bis zur Rutenspitze
- Danach vom Hals bis zu den Vorderpfoten herunter
- Dann von der Wirbelsäule an den Rippenbögen entlang bis zu den Hinterpfoten
- Auf die Signale deines Hundes achten: bis hierhin kann schon ausreichend sein
- Wenn der Hund weiter entspannt ist, mit kreisenden und ruhigen Bewegungen im Uhrzeigersinn fortfahren
- Dann die Haut etwas abheben und mit beiden Händen s-förmig gegeneinander kneten (Achtung: nicht kneifen!)
- Zum Abschluss: den ganzen Körper nochmal langsam und weich ausstreichen
- Der Hund sollte nicht aufspringen, sondern weiter ruhen, um die Entspannung auch mental zu verarbeiten (die Ruhe soll beim Hund ankommen)

PARASITEN! PROPHYLAXE ODER ERSTMAL ABWARTEN?

Würmer gehören genau wie Zecken, Milben oder Flöhe zu den häufigsten Parasiten, mit denen Hunde im Laufe ihres Lebens in Berührung kommen. Rechtzeitig erkannt, besser noch vorgebeugt, verursachen sie keine dauerhaften Probleme. Im Blutbild weist eine vermehrte Anzahl von eosinophile Granulozyten auf einen Parasitenbefall hin. Bei Würmern treten Beschwerden wie Durchfall, Bauchkrämpfe oder Erbrechen auf. Bei Verdacht auf einen Wurmbefall brauchen die Tierärzte eine Stuhlprobe deines Hundes. Ist diese positiv benötigt dein Hund eine Wurmkur, die nach zwei Wochen wiederholt verabreicht werden sollte. Ein Zecken-, Milben- oder Flohbefall macht sich durch Juckreiz, bis hin zu allergischen Hautreaktionen, Entzündungen, Abgeschlagenheit, oder leichtes Fieber bemerkbar. Es gibt verschiedene Präparate gegen Zecken, Flöhe und Milben, die als Spot-on-Lösung, Tabletten oder Halsbänder erhältlich sind. Ein Tierarzt oder eine Tierärztin kann mit dir entscheiden, welche Präparate und welche Maßnahmen individuell für deinen Hund unter Berücksichtigung des Alters, der Rasse, eures Wohnstandortes oder Urlaubsziels und der damit verbunden Risiken, am geeignetsten sind. Eine Kombination aus regelmäßiger Entwurmung, äußerem Parasitenschutz und einer guten Immunabwehr deines Hundes, kann dazu beitragen ihn effektiv vor Parasitenbefall zu schützen. Wir geben im folgenden Text Tipps, wie du die Immunabwehr unterstützen und wann du gegebenenfalls auch mal auf eine chemische Behandlung verzichten kannst.

WÜRMER

Wurmeier haben in der Natur in Erde, Sand oder Gestrüpp eine recht lange Überlebensdauer und können im Fell des Hundes hängen bleiben. Es lohnt sich also, nach jedem Spaziergang ein Pflegeprogramm für deinen Hund mit dem Abduschen der Pfoten und Ausbürsten des Fells zu ritualisieren. In den Tierheimen oder auch auf der Straße leben die Hunde unter wenig hygienischen Bedingungen, daher müssen Welpen aus dem Tierschutz in der Anfangszeit unbedingt regelmäßig entwurmt werden. Sie können sich schon im Mutterleib mit Würmern anstecken, aber auch nach der Geburt beim Säugen. Welpen, Senioren und kranke Hunde können unter einem Befall stärker betroffen sein, entsprechend sollte auf Vorsorge geachtet werden. Ursula erinnert sich: „Ich war damals Mitte 20 und hatte zwei Welpen aus dem Reitstall mitgenommen. Die zwei sollten schnell weg, der Bauer wollte sie sonst töten. Die beiden waren noch so klein und hilfebedürftig, also habe ich sie zum Schlafen mit ins Bett genommen. Am nächsten Morgen mussten sich die Kleinen gleich nach dem Aufwachen übergeben – und es kam kein Erbrochenes – sondern ein Schwall quirliger Würmer aus den so süßen Hundebabys heraus. Du kannst dir sicher vorstellen wie entsetzt ich war. Völlig aufgelöst rief ich die Tierärztin an. Alles halb so wild, beruhigte sie mich, so sei das nun mal, wenn Welpen in den ersten Wochen vernachlässigt und unversorgt blieben.
Ich solle eine Wurmkur geben und die in

Ein Wurmbefall lässt sich nur über mehrere gesammelten Kotproben ausschließen.

zwei Wochen wiederholen, das würde sofort Abhilfe schaffen."
Bei den Welpen war der Befall sichtbar, oft zeigen sich die kleinen Quälgeister jedoch nicht. Du kannst aber mehrere Kotproben deines Hundes sammeln, auf einen Wurmbefall überprüfen und dann nur bei Befall deinen Hund behandeln lassen.

Würmer schädigen den Darm und damit das Immunsystem, deswegen kann eine regelmäßige Entwurmung (vierteljährlich) empfehlenswert sein. In den folgenden Fällen ist dies unbedingt anzuraten:

- Bei Aufnahme bzw. Fressen von Hundekot
- Bei Aufnahme bzw. Fressen von Beutetieren (z. B. Mäuse)
- Rohfütterung (z. B. Innereien wie Lunge oder Leber)
- Auf Flohbefall können z. B. Haken- oder Gurkenkernbandwürmer folgen
- In Risikogebieten des Fuchsbandwurms (z. B. Bayern und Baden-Württemberg)
- Wenn kleine Kinder oder immungeschwächte Personen im Haushalt leben

Unser Tipp: Ein ohnehin schon gereizter Darm wird durch das „chemisch scharfe" Wurmmittel angegriffen, deshalb solltest du das Entwurmen unbedingt zusätzlich mit einer Darmprophylaxe verbinden. Letztlich entscheidet ein gesunder Darm über die stabile Gesundheit deines Hundes und nicht die Wurmkur.

Suche deinen Hund nach dem Spaziergang gründlich nach Zecken ab.

ZECKEN, FLÖHE UND MÜCKEN

Zecken, Flöhe und Mücken können beim Saugakt jeweils unterschiedliche Krankheiten auf den Hund übertragen (siehe Seite 54). Aber nicht alle Arten übertragen Krankheiten, nicht alle Stiche führen zu einer Infektion und auch nicht alle Gebiete sind gleich stark befallen. Du solltest dich also informieren, wie hoch die Risiken in deinem Wohnort sind und auch wie du deinen Hund im Urlaub schützen kannst.

Zecken können Überträger von z. B. Borreliose, Babesiose, Anaplasmose oder Ehrlichiose sein. Zecken treten in manchen Waldgebieten stärker auf als in anderen. In Gebieten mit hoher Zeckendichte kann es sinnvoll sein, bestimmte Bereiche zu meiden oder den Hund dort anzuleinen und ihn auf dem Weg zu halten, denn im hohen Gras und an den Wegrändern sitzen die Zecken besonders gern. Sie lassen sich auf den Hund fallen und suchen sich dann eine schöne Stelle für den Saugakt.
Besonders in Risikogebieten raten wir den Hund nicht nur nach, sondern auch auf dem Spaziergang, immer mal wieder nach Zecken abzusuchen. Oft erwischt man sie so noch bevor sie sich festsetzen.
Bei kurzhaarigen Hunden kann eine Fusselrolle gute Dienste leisten, die noch krabbelnden Zecken vom Fell einzusammeln.
Wenn sich die Zecke bereits festgesetzt hat, ist dies kein Grund zur Panik. Die Zecke lässt sich mit einer speziellen Zeckenzange oder einem Zeckenhaken entfernen. Sie sollte dabei möglichst nah an der Haut gefasst und gerade herausgezogen werden. Nach der Entfernung kannst du die Einstichstelle zusätzlich desinfizieren. Auf keinen Fall solltest du jedoch Alkohol, Öl oder Klebstoff zum Entfernen der Zecke benutzen. Die Zecke wird dann nämlich in ihrem Erstickungskampf „erbrechen" und die Krankheitserreger haben somit die Möglichkeit noch schneller ins Blut zu gelangen. Sollte der Kopf beim Entfernen stecken bleiben, ist dies nicht weiter dramatisch – es sei denn der Hund beginnt sich dort zu lecken und zu kratzen. Dann kann sich der Biss infizieren und eine Tierarztpraxis sollte aufgesucht werden. Genauso auch bei Rötungen oder Schwellungen an der Einstichstelle, bei Fieber und bei Lahmheit.

Flöhe können Hautirritationen, Allergien und in schweren Fällen auch eine Blutarmut auslösen. Zusätzlich können sie Würmer übertragen. Flöhe springen von einem Wirt zum anderen. Ein Befall resultiert also aus dem Kontakt mit anderen Hunden die Flöhe haben, aber auch von Katzen oder anderen Tieren. Sollte der Hund sich auffällig viel kratzen, könnte das schon ein Hinweis auf Flöhe sein. Manchmal sieht man sie auch durchs Fell hüpfen. Wenn du dir unsicher bist, kannst du mit einem Flohkamm durchs Fell des Hundes gehen und anschließend den Kamm mit einem weißen Tuch säubern. Bleiben kleine schwarze Punkte zurück, kann es sich dabei um Flohkot handeln. Spätestens dann solltest du deinen Hund in der Tierarztpraxis vorstellen und bei Befall zusätzlich zur Behandlung des Hundes, Hundebett, Mantel und Co. waschen.

Einige Mückenarten können Zwischenwirte der Herzwürmer sein (siehe Seite 54 Filarien), während die Sandfliege Leishmaniose weitergeben kann (siehe Seite 54 Leishmaniose). Sie kommen im Mittelmeerraum, z. B. Spanien, Italien, Griechenland, Portugal, der Türkei, aber auch in Teilen von Südosteuropa (und Afrika) vor. Es ist wichtig, sich vor Reisen in diese Gebiete über mögliche Gefahren zu informieren und entsprechende Schutzmaßnahmen zu ergreifen. Mücken sind besonders aktiv in den Abendstunden und in der Nähe von stehenden Gewässern. Dein Hund sollte also vor allem in Risikogebieten nicht im Freien, sondern im Haus übernachten. Zusätzlich kannst du ein Moskitonetz über den Schlafplatz deines Hundes hängen.

Wichtig! In Risikogebieten sollte ein rechtzeitiger und konsequenter Parasitenschutz für den Hund erfolgen. Bernsteinketten, Schwarzkümmelöl, Kokosöl und Co. reichen hier nicht aus.
Es gibt verschiedene Mittel und Methoden, um Hunde vor Parasiten zu schützen, aber du solltest dich von einem Tierarzt oder Tierärztin beraten lassen, um so die beste Option für deinen Hund zu finden (siehe auch Wurmbefall). Einige Mittel wirken repellierend, andere töten die Parasiten ab. Repellierende Wirkung bedeutet, dass Zecken, Flöhe und Mücken abgeschreckt werden, sich im besten Fall also weder auf dem Hund niederlassen noch ihn stechen. Und bitte denke auch daran dich selbst zu schützen. Bei einigen Hunderassen, zum Beispiel dem Border Collie, sollte vor der Parasitenprophylaxe ein MDR1-Gendefekt abgeklärt werden, da manche Wirkstoffe bei Hunden mit diesem Defekt schwere Nebenwirkungen verursachen können.

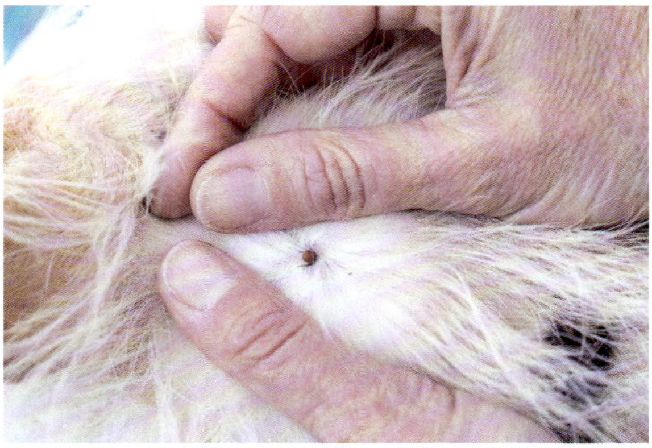

Keine Panik! Nicht immer führen Bisse zu einer Infektion.

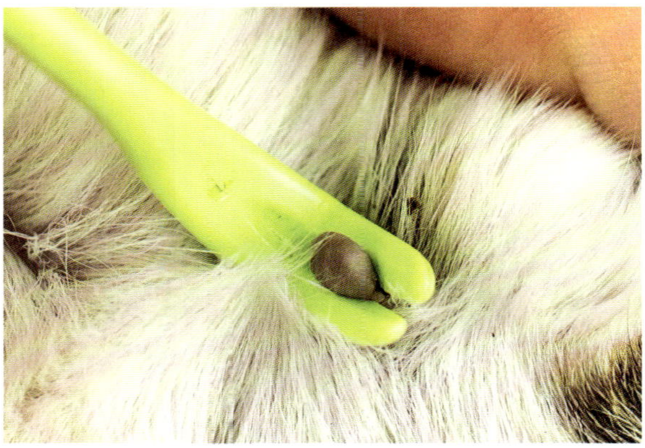

Die Zecke mit einem Zeckenhaken nah an der Haut fassen und gerade herausziehen.

01 Der 4 Monate junge Heinrich sah aus wie ein Greis, als er aufgegriffen wurde.

02 Heinrich mit 8 Monaten. Das Schlimmste ist überwunden – ohne die Hilfe der Tierschützer wäre er auf Spaniens Straßen an den Folgen des Milbenbefalls gestorben.

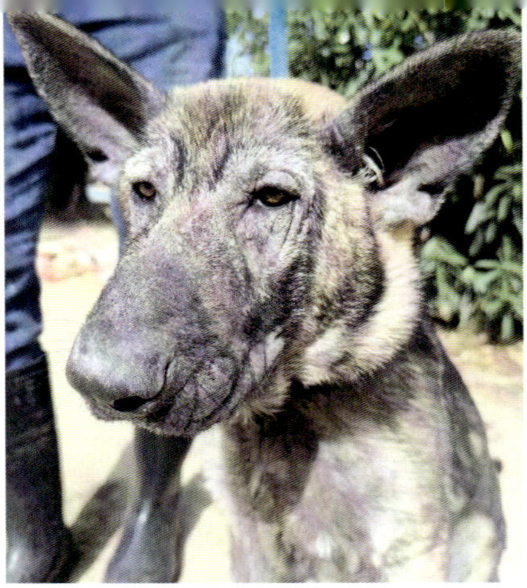

01

02

MILBEN

Milbeninfektionen verursachen Juckreiz, Haarausfall und Hautveränderungen und erweisen sich, je nach Schwere des Befalls, als langwierig und therapieresistent. Die schon geschädigte und empfindliche Haut bietet zusätzlich einen idealen Nährboden für bakterielle Erkrankungen und Pilzbefall. Diagnostiziert wird ein Befall der Hautparasiten durch Hautzellen, die unter dem Mikroskop untersucht werden.
Milben können bereits vom Muttertier auf den Welpen übertragen werden und haben bei immungeschwächten Tieren freie Bahn. Ursula berichtet: „Bei einer generalisierten Demodikose zum Beispiel bilden sich Hautveränderungen am gesamten Körper, so auch bei Schäferhund Heinrich, der mit vier Monaten ausgesetzt auf der Straße gefunden wurde. Der Junghund sah aus wie ein Greis, war kahl und seine Haut hing in Lappen faltig und trocken herunter. Heinrich wurde tierärztlich versorgt und gesund gepflegt."
Für Hunde, die auf der Straße leben, kommt im fortgeschrittenen Stadium jeglicher Milbeninfektion (außer der Grasmilben) oft jede Hilfe zu spät – unbehandelt sterben die Tiere qualvoll.
Unser Tipp: Du solltest neben der tierärztlichen Versorgung das Immunsystem deines Hundes stärken und den Darm gesund halten (siehe Seite 219). Kokosöl zum Beispiel, enthält die antibakteriell und antiviral wirkende Laurinsäure und kann so die Immunabwehr unterstützen. 1 Teelöffel pro 10 kg Körpergewicht unters Futter mischen. Auch selbst gekochte Knochenbrühe liefert fürs Immunsystem und Gelenke wichtige Mineralstoffe, Vitamine und Aminosäuren (wie Hyaluronsäure, Glukosamin und Chondroitin). Etwa 1 Esslöffel pro 10 kg Gewicht unters Futter mischen.
Nicht zu vergessen Propolis, ein Bienenprodukt (auch hier auf Bioqualität achten!). Es hat eine antibiotische und antivirale Wirkung und kann zur Stärkung der körpereigenen Abwehr eingesetzt werden. Zusätzlich kannst du über die regelmäßige Reinigung des Schlafplatzes, Decken und Mäntel einem erneuten Befall entgegenwirken.

Demodex – verursacht starken Juckreiz, Hautveränderungen und Haarausfall.
Sarkoptes – ist eine hochgradig juckende und hoch ansteckende Hautparasitose, die mit Hautirritationen, wie honigfarbenen Krusten, Rötungen, Papeln und bei chronischem Befall, Hautverdickungen und Haarlosigkeit einhergeht.
Ohrmilben – sind erkennbar durch stark gerötete, juckende und unangenehmen riechende Ohren.
Grasmilben – befallen vornehmlich die Zehenzwischenräume der Pfoten und sorgen für starken Juckreiz. **Unser Tipp:** Nach dem Spaziergang Pfoten, Beine und Bauch gründlich abduschen.

HUSTEN, SCHNUPFEN UND DURCHFALL

HUSTEN UND SCHNUPFEN

Husten, Schnupfen und Durchfall sind typische „Kinderkrankheiten" der Tierschutzhunde, so sind die Welpen bei Aufnahme sehr häufig erkältet. Die Kleinen haben noch nicht so viel Widerstandskraft, die Fahrt mit Klimaanlage und die ungewohnten Keime und Viren in der neuen Umgebung machen ihnen anfangs zu schaffen. Ursula rät: „In meiner Hausapotheke habe ich immer einen Hunde-Hustensaft bereitstehen, den bekommt der Pflegehund bei den ersten Anzeichen von Husten sofort verabreicht."
Bis zur Adoption sollte der Hund auf seiner Pflegestelle Husten, Schnupfen und Co. überwunden haben und keine eiterverklebten Augen und Nase mehr aufweisen.

DURCHFALL

Bei Aufnahme oder Vermittlung unserer Schützlinge beobachten wir bei zu plötzlicher Futterumstellung häufig Durchfallreaktionen, die natürlich auch zusätzlich dem Stress des Umzugs geschuldet sein können. Durchfall lässt sich am dünnen Kotabsatz eindeutig erkennen und kann aber noch viel mehr Ursachen haben, beispielsweise Wurmbefall wie Kokzidien, Spulwürmer, Giardien und Co. Wurmbefall ist kein Grund zur Sorge und auch Giardien sollten bei dir keine Panik auslösen. Ein gesundes Immunsystem wird gut mit ihnen fertig, aber dafür braucht dein Hund natürlich einen gesunden Darm. Bei Durchfall gerät die Darmflora zunächst aus dem Gleichgewicht, verabreichst du dann noch ein Übermaß an Chemie in Form von Wurmkurtabletten oder auch Antibiotika, kann im schlechtesten Fall die Darmwand geschädigt werden. Du solltest also parallel auch unbedingt den Darm deines Hundes aufbauen (siehe Seite 219).
Bei akutem Durchfall sollte dein Hund ein bis zwei Mahlzeiten auslassen, damit sich der Magen-Darm-Trakt wieder etwas beruhigen kann. Frisches Wasser ist allerdings ein absolutes MUSS, um Dehydration vorzubeugen. Dann mit Schonkost beginnen, zum Beispiel mit Moroscher Karottensuppe, trockenem Brot oder sehr weich gekochtem Reis mit magerem Hühnchen. Achtung, den übrigen Reis nicht langsam auskühlen lassen, sondern direkt kaltstellen, denn sonst lagern sich Giftstoffe im Reis ein.
Beobachte deinen Hund und achte auf seinen Zustand. Gib lieber mehrere kleine Mahlzeiten über den Tag verteilt, als zwei große Portionen. Bei Unsicherheit solltest du zur Tierärzt:in, um die genaue Ursache des Durchfalls festzustellen und eine angemessene Behandlung einzuleiten, vor allem wenn es sich um einen Welpen oder einen alten Hund handelt.
Der Tierarztbesuch wird jedoch auch dringend fällig, wenn der Durchfall länger als drei Tage anhält, Blut im Stuhl auftritt oder dein Hund weitere Symptome, wie Erbrechen oder Apathie zeigt. In der Tierarztpraxis wird dann ein Blutbild gemacht, ggf. auch ein Ultraschall des Magen-Darm-Traktes und eine Kot- und Urinprobe genommen. Nur so lässt sich feststellen, ob eine

01

01 Durchfall ist nicht gleich Durchfall. Beschaffenheit und Farbe des Kots können auf ernste Gesundheitsprobleme hinweisen.

02 Boxerhündin Juna litt unerkannt an einer Bauchspeicheldrüsenentzündung. Ihr half eine auf sie abgestimmte Ernährung.

02

eher harmlose Infektion oder aber ein anderes Krankheitsbild vorliegt, zum Beispiel Organerkrankungen, wie:

Bauchspeicheldrüsenentzündung, sie führt zu Verdauungsproblemen und Durchfall.

Exokrine Pankreasinsuffizienz (EPI). Die Bauchspeicheldrüse produziert dann nicht genügend Verdauungsenzyme, was Durchfall und Gewichtsverlust mit sich bringt.

Funktionsstörungen der Leber können ebenfalls Durchfall verursachen.

Nierenprobleme können zu Appetitlosigkeit, Erbrechen und Durchfall führen, da der Körper nicht mehr in der Lage ist, Giftstoffe richtig auszuscheiden.

Entzündliche Darmerkrankungen (IBD), eine chronische Entzündung der Darmschleimhaut kann zu anhaltendem Durchfall führen.

Ursula fällt dazu die Geschichte von Boxerhündin Juna ein: „Juna hatte nach der ersten Läufigkeit immer wieder Durchfall. Beim Tierarzt wurden Würmer festgestellt und folglich eine Wurmkur gegeben. Nach anfänglicher Verbesserung plagte sie erneuter Durchfall. Es wurde zu Schonkost geraten, fettarm und nur eine Fleischquelle. Huhn schien sie gut zu vertragen. Dann aber litt sie wieder unter Durchfall, diesmal mit Erbrechen. Zusätzlich leckte sie den Boden ab und biss sich in die Seite. Nach mehreren Blutbildern und Ultraschalluntersuchungen stellten die Tierärzt:innen eine Bauspeicheldrüsenentzündung fest. Es folgten weitere Schübe, ein auf und ab, immer verbunden mit der Gabe von Antibiotikum – und Juna magerte immer weiter ab, wurde auffällig ruhig und schlapp. Ich riet der Familie eine erfahrene Ernährungsberaterin hinzuzuziehen. Sie erstellte nach umfangreicher Recherche des Krankheitsverlaufs einen auf Junas Krankheitsbild angepassten Ernährungsplan. Für die Familie hieß das nun selbst kochen, einfrieren, auftauen – also viel Arbeit. Juna nahm ganz langsam wieder zu und ihr Magen-Darm-System wurde nach und nach wieder stabil. Endlich hatte sie wieder die junghundtypische ‚Knete im Kopf' und auch wieder die Kraft zum Toben und Raufen."

MAGEN-DARM-TRAKT WIEDER INS GLEICHGEWICHT BRINGEN

— **Morosche Karottensuppe** aus Möhren, Wasser und Salz. Klassische Schonkost bei Durchfallerkrankungen mit mikrobiologischer Wirkung.
  So geht's: 500 g geschälte Karotten in 1 l Wasser 60 Minuten kochen, anschließend pürieren. 3 g Salz hinzu und mit kochendem Wasser wieder auf einen Liter auffüllen. (Gibt es im Tierfachhandel auch schon fertig zu kaufen.)
— **Etwas Hühnerfleisch** oder **Hüttenkäse** mit sehr weich gekochtem Reis. Reisreste lagern Giftstoffe ein, deswegen direkt kaltstellen.
— **Kürbis und Süßkartoffeln** ballaststoffreiche Nahrungsmittel festigen den Kot.
  Unser Tipp: Fein pürierte Babygläschen in den Sorten Möhre, Kartoffel, Kürbis ggf. angereichert mit Hühnchen.

ACHTUNG VERGIFTUNG

Durchfall kann bei harmlosen, aber auch bei ernsthaften Erkrankungen auftreten. Wird der Durchfall von folgenden Symptomen begleitet, ist schnelles Handeln **(also sofort zum tierärztlichen Notdienst!)** lebensrettend, denn dann kann es sich möglicherweise um eine Vergiftung handeln.

— Erbrechen (oft wiederholtes oder starkes Erbrechen)
— Blut im Stuhl oder im Erbrochenen
— Krämpfe und Zittern
— Apathie oder starke Unruhe
— Blasse oder bläuliche Schleimhäute
— Atemprobleme oder Kreislaufbeschwerden
— Schwäche und Taumeln bis hin zum Bewusstseinsverlust

Die Zutaten für die Morosche Karottensuppe: Karotten, Salz und Wasser.

Haferschleim, gekocht aus Haferflocken, sättigende Schonkost.
So geht's: 2 El zarte Haferflocken und eine Prise Salz mit 250 ml Wasser köcheln, bis eine schleimige Konsistenz entsteht.

ERGÄNZEND ZUM GEWOHNTEN HUNDEFUTTER*

— Flohsamenschalen, Kleie, oder Futterzellulose saugen den Überschuss an Flüssigkeit auf und verbessern dadurch sofort die Kotkonsistenz.

- Gerbstoffe wie z. B. Eichenrinde verklumpen Eiweiße und bilden damit eine schützende Membran an der Darmwand. Diese soll die Aufnahme von Giftstoffen oder das Eindringen von Keimen verhindern.
- Probiotika sind lebende Mikroorganismen zur Unterstützung der Darmflora. Bei akuten und chronischen Magen-Darm-Problemen (Durchfall, Blähungen); bei und nach einer Antibiotika-Therapie zum Schutz der nützlichen Darmbakterien; bei allgemeiner Abwehrschwäche; bei Allergien und Unverträglichkeiten.

***Alle aufgeführten Sachen sind Nahrungsergänzungsmittel und keine Medizin. Vor der Anwendung sollte immer die individuelle Situation des Hundes berücksichtigt und gegebenenfalls tierärztlicher Rat eingeholt werden.**

HAUSAPOTHEKE FÜR HUNDE

Bei stärkeren Verletzungen, nicht abklingendem Fieber, heftigem Durchfall (Seite 217) oder einer Verschlechterung des Allgemeinzustandes sollte unbedingt eine Tierarztpraxis oder -klinik aufgesucht werden.
Das im Folgenden aufgelistete Zubehör ist als Hunde-Hausapotheke empfehlenswert.

Instrumente und Material:
- Zahnbürste und Hundezahnpasta
- Zeckenzange
- Pinzette
- Krallenzange
- Stumpfe Verbandsschere, Kindernagelschere
- Einwegspritzen z. B. für das Spülen von Augen oder Wunden
- Fieberthermometer und Vaseline
- Flohkamm
- Mullbinden und selbstklebendes Verbandmaterial

01

02

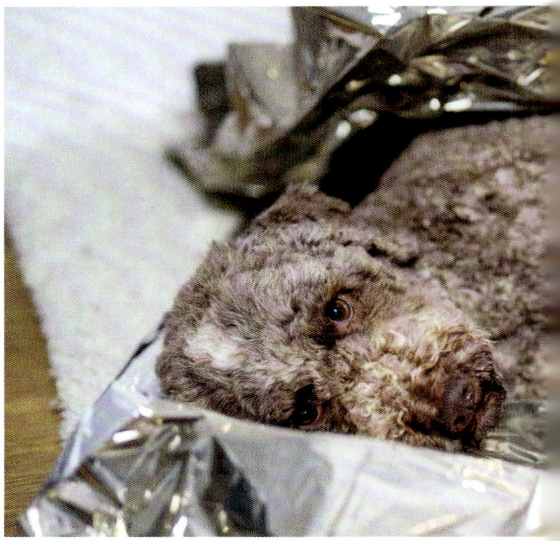

03

- Kompressen
- Polsterbinden
- Heftpflaster
- Gewebeklebeband: das klebt gut auf Fell, lässt sich aber auch einfach ablösen
- Wattestäbchen für Kinder und Babys mit Sicherheitskopf eignen sich auch für den Hund
- Einweghandschuhe
- Rettungsdecke für Unterkühlungen
- ggf. Maulkorb, falls dein Hund eine Behandlung nicht zulässt
- kleine Taschenlampe z. B. für den Blick ins Ohr

Medikamente:

Gib deinem Hund keine Medikamente ohne tierärztliche Rücksprache, die verschreibungspflichtig sind. Verabreiche ihm auch niemals Medikamente aus der Humanmedizin, denn das kann lebensgefährlich sein!

- Wunddesinfektionsmittel (z. B. Octenisept) und Isotone Kochsalzlösung zum Spülen von Wunden
- Wund- und Heilsalbe (z. B. Salben auf Honigbasis, Zinksalben, Canosept)
- Ohrreinigungslösung für Hunde
- Wurmkur, Floh- und Zeckenmittel
- Bei Durchfall als „Erste Hilfe" z. B. Diatab, Stullmisan oder Sebamin
- Naturtrüber, nicht pasteurisierter Bio-Apfelessig (Hinweis: Apfelessig kann eine gute Ergänzung zur Hundegesundheit sein, sollte aber nicht als Ersatz für eine tierärztliche Behandlung dienen. Verdauung: Ein bis zwei Teelöffel Apfelessig (je nach Größe des Hundes) ins Futter mischen. Äußerliche Anwendung: Bei Hautproblemen oder Parasitenbefall eine verdünnte Apfelessiglösung (1 : 2 mit Wasser besser mehr Wasser als weniger) auf die betroffenen Stellen auftragen
- bei Husten z. B Pulmostat akut
- Aktivkohle. In der Klinik bzw. Tierarztpraxis Vergiftung ausschließen lassen, bevor sie verabreicht werden
- Bei wiederkehrenden Problematiken, z. B. Arthroseschmerzen, Augen- oder Ohrenbeschwerden jeweils Schmerzmittel, Augensalbe oder Ohrtinktur vorrätig halten (nach Rücksprache mit der behandelnden Tierarztpraxis/Haltbarkeit beachten!)

01 Gelegenheit macht Diebe zu Ungunsten der Gesundheit. Medikamente müssen für Hunde unbedingt unzugänglich aufbewahrt werden.

02 Das Fieberthermometer vorab mit etwas Vaseline einzuschmieren, macht das Messen angenehmer.

03 An Rettungsdecken lassen sich Hunde bereits im Alltag gewöhnen. Sie verhindern das Auskühlen des Hundes.

Tierschutz verbindet! Ursula Löckenhoff ist regelmäßig in der TV-Sendung „Tiere suchen ein Zuhause" im WDR bei Moderatorin Simone Sombecki zu Gast. Durch jahrzehntelanges privates und ehrenamtliches Engagement im In- und Auslandstierschutz verbindet beide eine ganz besondere Tierschutzfreundschaft. Geprägt von Herzblut, Vertrauen und dem gemeinsamen Ziel, den Tieren eine bessere Zukunft zu schenken.

ZUM SCHLUSS

In diesem Buch haben die Autorinnen Simone Sombecki und Ursula Löckenhoff ihr Wissen, ihre persönlichen Erfahrungen rund um Tierschutzhunde kompakt und informativ gebündelt, damit das Glück vom Leben mit Hund auch nachhaltig gelingen kann.

Tiere suchen ein Zuhause im WDR ist ein erfolgreicher TV-Klassiker und inzwischen auch auf Social Media. Seit mehr als 30 Jahren werden sonntags um 18 Uhr im WDR Fernsehen, Tierschutztiere vorgestellt, die alle darauf warten, endlich eine Chance auf ein passendes Zuhause zu bekommen. In jeder Folge werden die ganz unterschiedlichen Geschichten der Tiere erzählt und ihre besondere Persönlichkeit in den Fokus gestellt. **TSEZ** macht die Unsichtbaren, Ungewollten und Abgeschobenen sichtbar. Das Ziel ist: Menschen und Tiere glücklich zu machen, einen Neustart zu ermöglichen. Doch das klappt aber nur, wenn Hund und Mensch wirklich zusammenpassen.

Das **„Tiere suchen ein Zuhause"-Team** ist sich sicher: „es gibt für jeden den passenden Hund im Tierschutz!" Und die vielen Erfolgsgeschichten gelungener Vermittlungen der Sendung sind der lebende Beweis dafür.

Gina Göß
Redaktion / Tiere suchen ein Zuhause

REGISTER

BILDNACHWEIS

181 Farbfotos wurden von Anna Auerbach aufgenommen.
Weitere Farbfotos von: Andrea Heidebroek (S. 200), Andrea Willers (S. 74uli), Anne Geier (S. 117u), Armin Hauke (S. 74ure, 75), Bildgefährten (S. 43u), Diana Schiestel (S. 43u, 71), Dora Crudo (S. 188u, 189), Elke Reißmann (S. 70), Goran Markovic-Schomburg (S. 26o, 26m), Hilke Heinemann (S. 219), Huib Rutten (S. 2re, 7, 10/11, 41, 46u, S. 88, 89, 90, 95, 133), Hundephysiotherapie Gangwerk (S. 209), Kathrin Lüke (S. 20o, 53ore, 53uli, 53ure), Laura Kles (S. 63ure), Leonie Löckenhoff (S. 180), Niklas Schnierstein (S. 42re, 43o,), Notpfote Animal Rescue e. V. (S. 51), Sabine Stuewer (S. 9), Saskia Rinia van Nauta (S. 63uli), Shutterstock(Svitlana Hulko: S. 80li; Jaromir Chalabala: S. 81o), Simone Sombecki (S. 13li, 13o, 13u, 15u, 23, 26ure, 47, 48, 49, 50, 55, 56, 116, 119, 155), Soulful Pawtography (S. 188o), Streunerhilfe International e.V. (S. 26uli), Tanja Reichert (S. 72, 73), Tierheim Bergheim, bmt e.V. (S. 22), Tierhilfe Hoffnung e.V. (S. 44, 45), Tina Hartmann (S. 101), Ursula Löckenhoff (S. 12, 14, 15o, 20u, 21, 25o, 25m, 25u, 32, 33, 35, 46o, 52u, 52o, 53oli, 64o,74o, 74m, 81ure, 82, 83, 91, 94, 102, 103, 107, 111u, 118, 170, 171, 186, 194, 195, 203, 208o, 216, 218), Veras Fotobuch/Vera Wagenpfeil (S. 42li), WDR/Marcus Gier (S. 16li), WDR/Undine Gulde (S. 28, 29, 36, 37).

3 Farbillustrationen von Atelier Krohmer.

IMPRESSUM

Umschlaggestaltung von GRAMISCI Editorialdesign, Stefanie Wawer unter Verwendung von Farbfotos von Trio Bildarchiv (Umschlagvorderseite), Anna Auerbach (Umschlagrückseite), Tina Hartmann (vordere innere Klappe: oben links), Ursula Löckenhoff (vordere äußere Klappe; vordere innere Klappe: unten links/rechts), Simone Sombecki (vordere innere Klappe: oben rechts; hintere äußere und innere Klappe).

Mit 310 Farbfotos und 3 Farbillustrationen

Alle Angaben in diesem Buch erfolgen nach bestem Wissen und Gewissen. Sorgfalt bei der Umsetzung ist indes dennoch geboten. Der Verlag und die Autorinnen übernehmen keinerlei Haftung für Personen-, Sach- oder Vermögensschäden, die aus der Anwendung der vorgestellten Materialien, Methoden oder Informationen entstehen könnten.

Gedruckt auf chlorfrei gebleichtem Papier

Die Sendung „Tiere suchen ein Zuhause“ ist eine Produktion des Westdeutschen Rundfunks; Redaktion: Gina Göß/Alenka Sodec

Pfizerstraße 5 – 7, 70184 Stuttgart
kosmos.de/servicecenter

ISBN 978-3-440-17339-8
Redaktion: Ute-Kristin Schmalfuß
Gestaltungskonzept: Peter Schmidt Group GmbH, Hamburg
Gestaltung und Satz: Atelier Krohmer, Dettingen/Erms
Produktion: Angela List
Druck und Bindung: Westermann Druck Zwickau GmbH, Zwickau
Printed in Germany / Imprimé en Allemagne

FSC
www.fsc.org
MIX
Papier | Fördert gute Waldnutzung
FSC® C110508